満点ゲットシリーズ

キャラクター原作／さくらももこ

著／福嶋淳史
学習塾フェイマス
アカデミー代表

ちびまる子ちゃんの

分数・小数

**分数・小数の計算のきまりや
考え方がわかる**

JN189431

ちびまる子ちゃん の 分数・小数

ちびまる子ちゃんと なかまたち

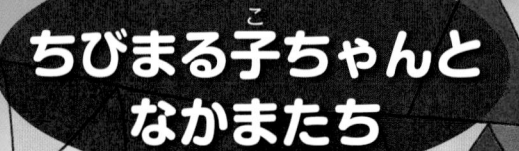

杉山くん
さっぱり
している。

大野くん
正義感が
強い。

ヒデじい
花輪クンの
世話係。

花輪クン
お金持ちの
おぼっちゃま。

野口さん
お笑い好きな
暗い少女。

みぎわさん
花輪クンにお熱。

お母さん
まる子の
世話をやく。

父（ヒロシ）
のんきもの。

たまちゃん
まる子の親友。

まる子ちゃん
おっちょこちょいで
なまけもの。

おばあちゃん
友蔵のつま。

おじいちゃん（友蔵）
まる子のいちばんの
味方でなかよし。

お姉ちゃん
まる子にめいわくを
かけられることが多い

著者からの
メッセージ

分数・小数なんて こわくない！

株式会社 フェイマスアカデミー 代表取締役　福嶋 淳史

　算数の勉強で大切になるのは、やはりなんといっても「計算力」です。計算がとくいになれば、算数の勉強は今よりもっと楽しくなるでしょう。いろいろな計算がある中で、とくにつまずきやすいのが「分数」と「小数」の計算です。

　この本では、おなじみのちびまる子ちゃんのキャラクターたちといっしょに、「分数」や「小数」の計算方法のきそを楽しく学べるよう工夫してあります。

「通分ってなに？」

「約分するってどういうこと？」

「小数の計算ってどうやるの？」

　そのような疑問も、この本を読めばきっと解消することでしょう。

「分数・小数なんてこわくない！」

　そう思ってもらえること、まちがいなしです。

　ぜひこの本で分数・小数の計算をとくいにして「算数って楽しいな！」と感じてもらえれば、著者としてこんなにうれしいことはありません。

著者　福嶋 淳史　　1972年生まれ。慶應義塾大学環境情報学部在学中より学習塾講師を始め、2014年に独立するまで、大手学習塾の数学科代表として教材開発等にたずさわった。著書に『算数のケアレスミスが驚くほどなくなる本』『一生使える！「本当の計算力」が身につく問題集』（大和出版）、『満点ゲットシリーズ ちびまる子ちゃんのかけ算わり算』（集英社）など。

分数
ぶんすう

ちびまる子ちゃん

まるちゃん
おたんじょう日
おめでとう

悪いね
わたしなんぞのために

なにいってるの
今日はまるちゃん
が主役だよ

ケーキを用意
したから まる子
切り分けて
ちょうだい

どうやって
切り分ければ
いいのかね

むずかし
そうだね

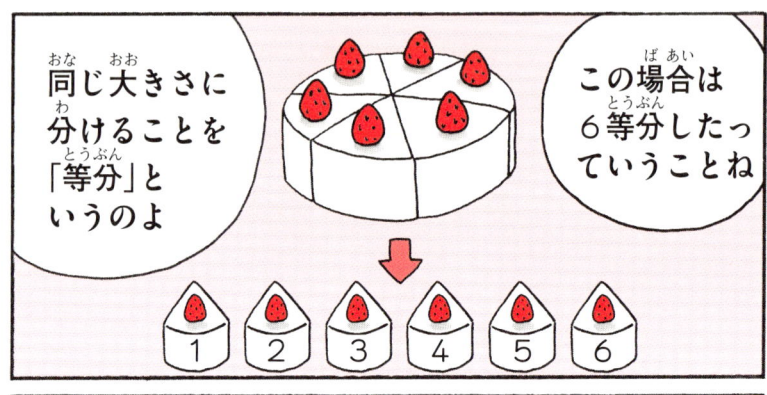

同じ大きさに分けることを「等分」というのよ

この場合は6等分したっていうことね

さくらくん ケーキを1きれ おさらにのせてごらん

うん

これが6等分の1こさ

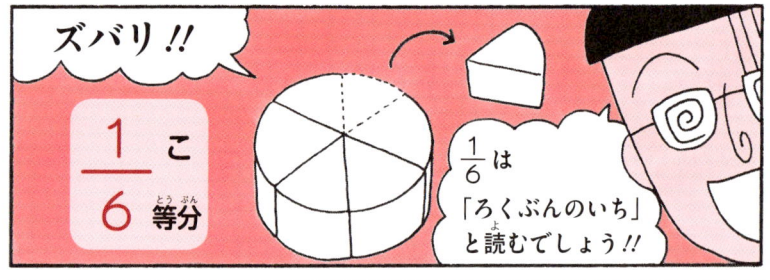

ズバリ！！

$\dfrac{1}{6}$ こ 等分

$\dfrac{1}{6}$は「ろくぶんのいち」と読むでしょう！！

「いちぶんのろく」じゃ だめなの？

ちっ ちっ ちっ

「分数の大きさ」ってなあに?

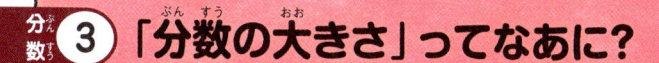

まるちゃん
あやとりしようよ

うん
やろう やろう

図工の時間で
残ったひもだね

はかったら
1mぴったり
だったよ

あやとりなら わたしも
入ってもいいわよ

う… うん

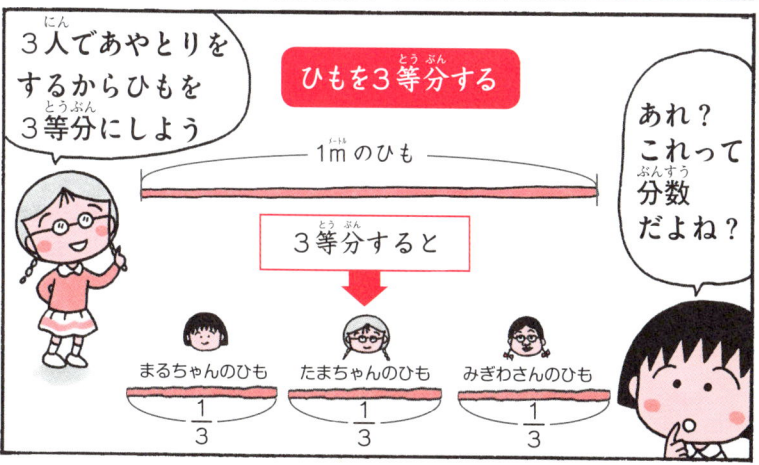

3人であやとりを
するからひもを
3等分にしよう

ひもを3等分する

あれ?
これって
分数
だよね?

1mのひも

3等分すると

まるちゃんのひも
$\frac{1}{3}$

たまちゃんのひも
$\frac{1}{3}$

みぎわさんのひも
$\frac{1}{3}$

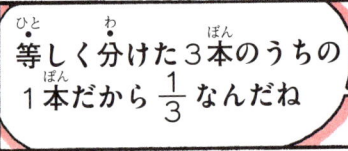

３人のひもを合わせると

$\frac{3}{3}$!!

え〜と
え〜と

？

みぎわさん
正解です

花輪クン　見ていて
くれたかしら

フフ

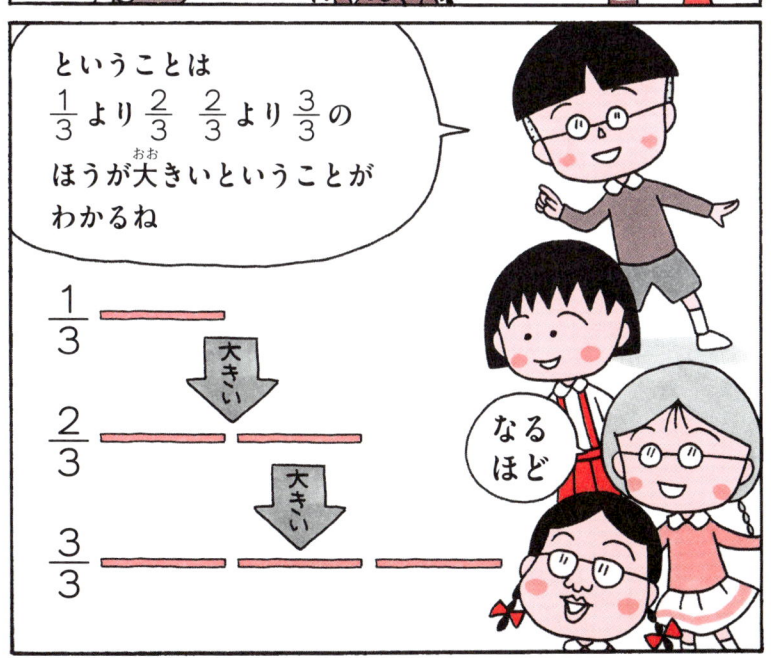

ということは
$\frac{1}{3}$ より $\frac{2}{3}$ 　$\frac{2}{3}$ より $\frac{3}{3}$ の
ほうが大きいということが
わかるね

$\frac{1}{3}$

大きい

$\frac{2}{3}$

大きい

$\frac{3}{3}$

なるほど

分母よりも分子のほうが大きくなるということもあるんだね

これが仮分数だブー

もっといっぱいの場合もあるブー

じゃあ最初に習った分母のほうが大きいときはなんていうんだろう？

いい質問ですね

真分数

このようにいいます

分子より分母のほうが数が大きい場合は

分子

分母

仮分数

$\dfrac{8}{3}$　$\dfrac{15}{9}$　$\dfrac{6}{6}$　$\dfrac{5}{2}$　$\dfrac{4}{3}$

おぼえよう!!

真分数

$\dfrac{3}{4}$　$\dfrac{1}{10}$　$\dfrac{5}{8}$　$\dfrac{8}{9}$　$\dfrac{6}{7}$

それでは質問（しつもん）

$\frac{1}{5}$ メートル m が17こあつまったら

$\frac{17}{5}$ メートル m

だけど
$\frac{17}{5}$ メートル m ってどれくらいの
長（なが）さなんだろう

むずかしい
ブー

分子（ぶんし）の数（かず）が
大（おお）きすぎて
わかりにくいね

もっと
かんたんに
ならないか
ブー

いい方法（ほうほう）が
あるんだよ

「帯分数（たいぶんすう）」にすれば
分子（ぶんし）の数（かず）は小（ちい）さく
なるんだ

帯（たい）分（ぶん）数（すう）？

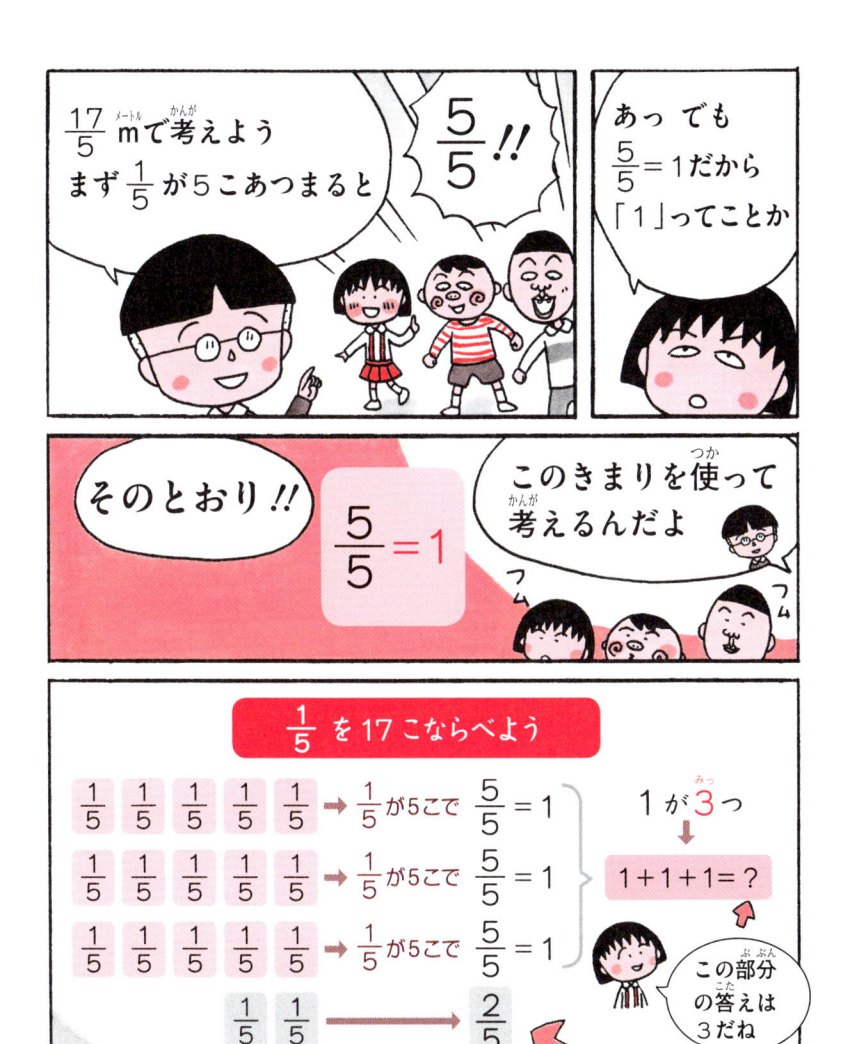

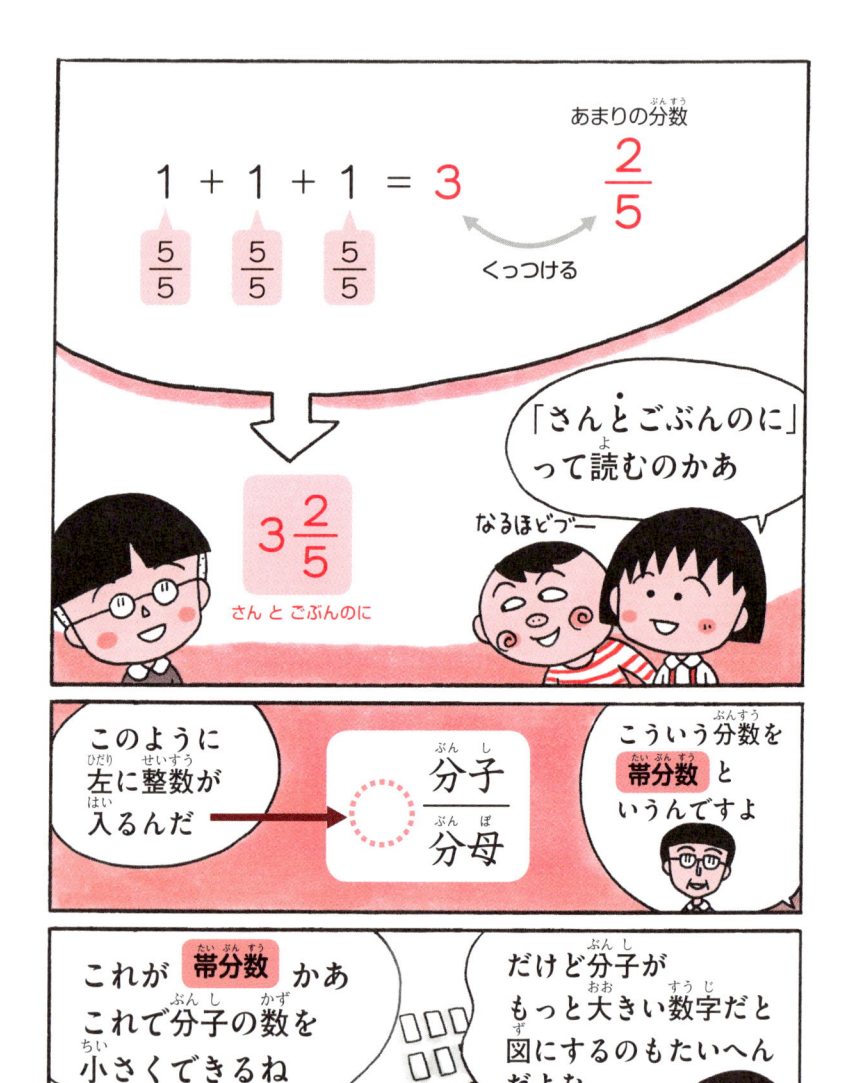

分子÷分母
この方法で計算すると
もっと早く帯分数にできるんだ

わり算!?

$\frac{17}{5}$ を帯分数にしよう

分子 分母

$\frac{17}{5}$ → 17 ÷ 5 = 3 あまり 2

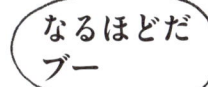

$$\begin{array}{r} 3 \\ 5\overline{)17} \\ 15 \end{array}$$
あまり→②

なるほどだ
ブー

「3あまり2」って
答えが出たよ？
これをどうやって
分数にするの？

わり算で出た答えを分数にしよう

答え 3 あまり 2

わり算の答えは
左に整数として
くっつける

あまりは
分子に入れる

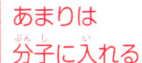

$$\frac{}{5}$$

分母の数字はそのまま

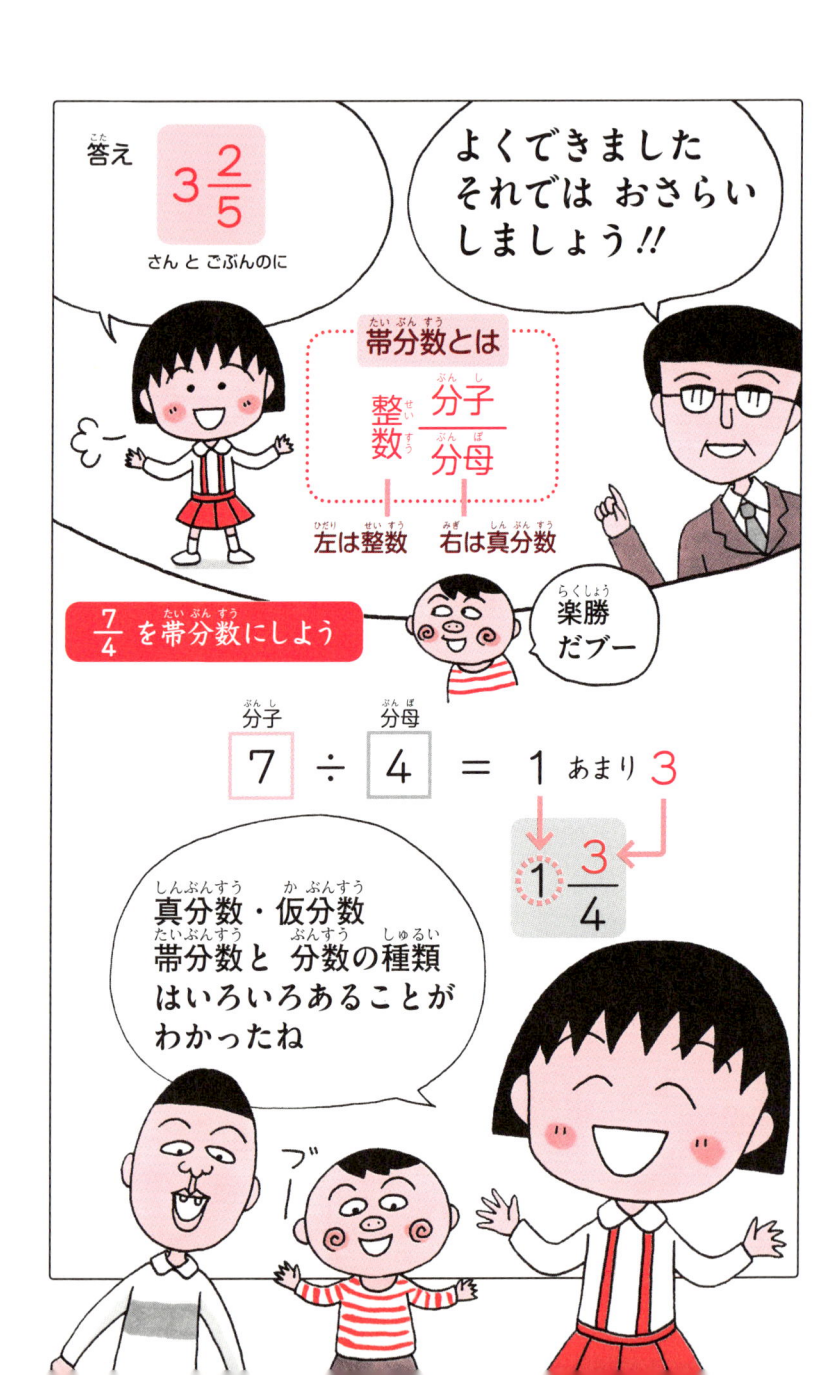

ここまでのまとめとポイント **1**

分数の意味

「同じ大きさに分けたうちのいくつ分か」
（割合）をあらわした数のこと。

$\dfrac{3}{5}$ ···（ごぶんのさん） 全体を5つに分けたうちの3つ分

$\dfrac{3}{5}$

分子 ···（いくつ分か）

分母 ···（いくつに分けたか）

分数に単位をつけると…

分数に単位をつけると、割合だけでなく、**ものの大きさ・長さ・重さ**などをこまかくあらわすことができます。

$\dfrac{3}{5}$ L ··· 1Lを5等分したうちの3つ分の大きさ

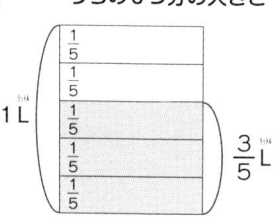

$\dfrac{2}{3}$ m ··· 1mを3等分したうちの2つ分の長さ

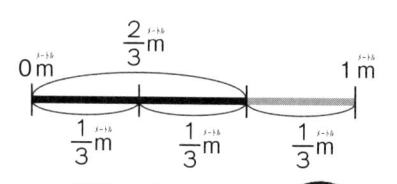

分数の種類

仮分数は
帯分数になおせるよ

真分数 分子が分母より小さい $\left(\dfrac{2}{3}\right)$

仮分数 分子が分母より大きい、または等しい $\left(\dfrac{7}{6}, \dfrac{4}{4}\right)$

帯分数 整数＋真分数 $\left(2\dfrac{2}{5}\right)$

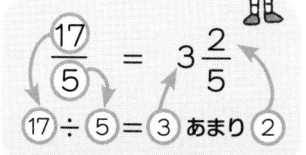

$\dfrac{17}{5} = 3\dfrac{2}{5}$

$17 ÷ 5 = 3$ あまり 2

1箱に
4こ入る
わね

じゃあまる子が
とりあえず 1こ
しまうね

じゃあ
わたしは
2こ

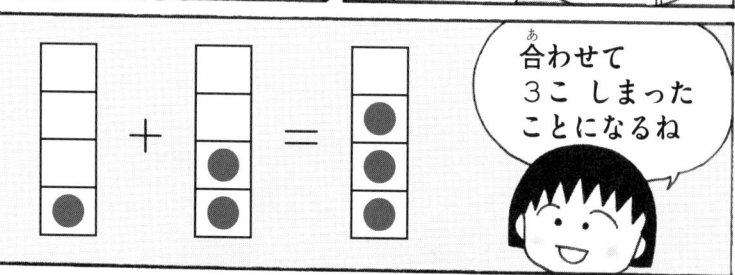

合わせて
3こ しまった
ことになるね

これを分数
にするわよ

えっ 分数に
なるの？

箱は4こまで
入るから

分子は しまった
ボールの数だね

分母は

4

まる子が
しまった数

お姉ちゃんが
しまった数

$$\frac{1}{4} + \frac{2}{4} = \frac{3}{4}$$

あれ？

$$\frac{1}{4} + \frac{2}{4} = \frac{3}{8}$$

じゃないの？

あんたばかね
分子（ぶんし）は たすけど
分母（ぶんぼ）は たさない
のよ

箱（はこ）はもともと
4こしか入（はい）らない
んだから
分母（ぶんぼ）が「8」だと
おかしいでしょ

お姉（ねえ）ちゃんの
いうとおりじゃ

ビク

分数（ぶんすう）のたし算（ざん）は
分母（ぶんぼ）どうしは
たさないんじゃ
分子（ぶんし）どうしだけ
計算（けいさん）するんじゃよ

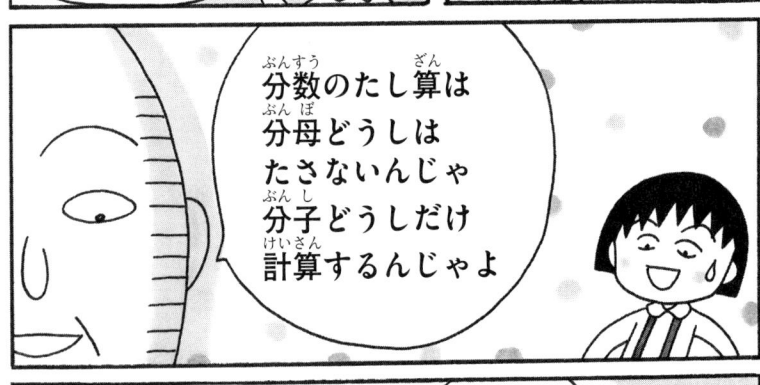

たまちゃん
が来（き）たよ

おじゃま
します

わーい
たまちゃん

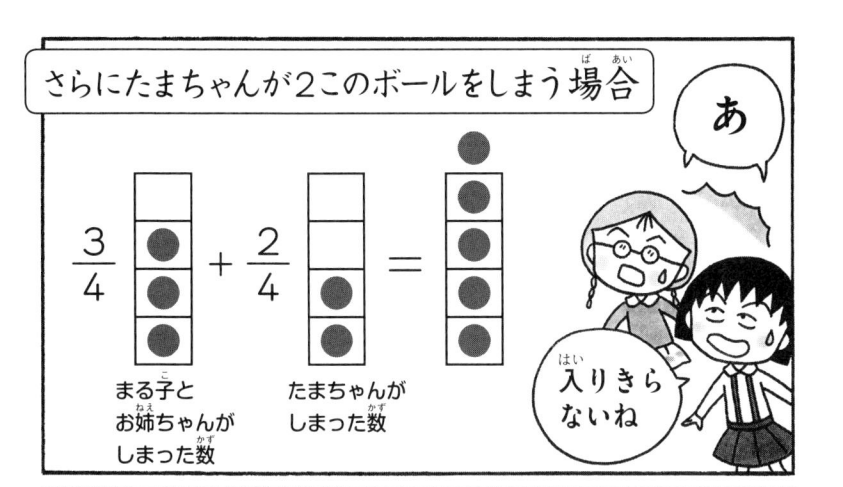

さらにたまちゃんが2このボールをしまう場合

あ

$$\frac{3}{4} + \frac{2}{4} =$$

まる子と
お姉ちゃんが
しまった数

たまちゃんが
しまった数

入りきら
ないね

これは
もしや
仮分数

仮分数は分子が
分母と同じか 分子
が分母より大きい
分数だったよね

$$\frac{1}{4}$$

$$\frac{4}{4}$$

この図を式で
あらわして
みよう

$$\frac{4}{4} + \frac{1}{4} = \frac{5}{4}$$

この $\frac{5}{4}$ を
帯分数にすると

$$\frac{5}{4} = 1\frac{1}{4}$$

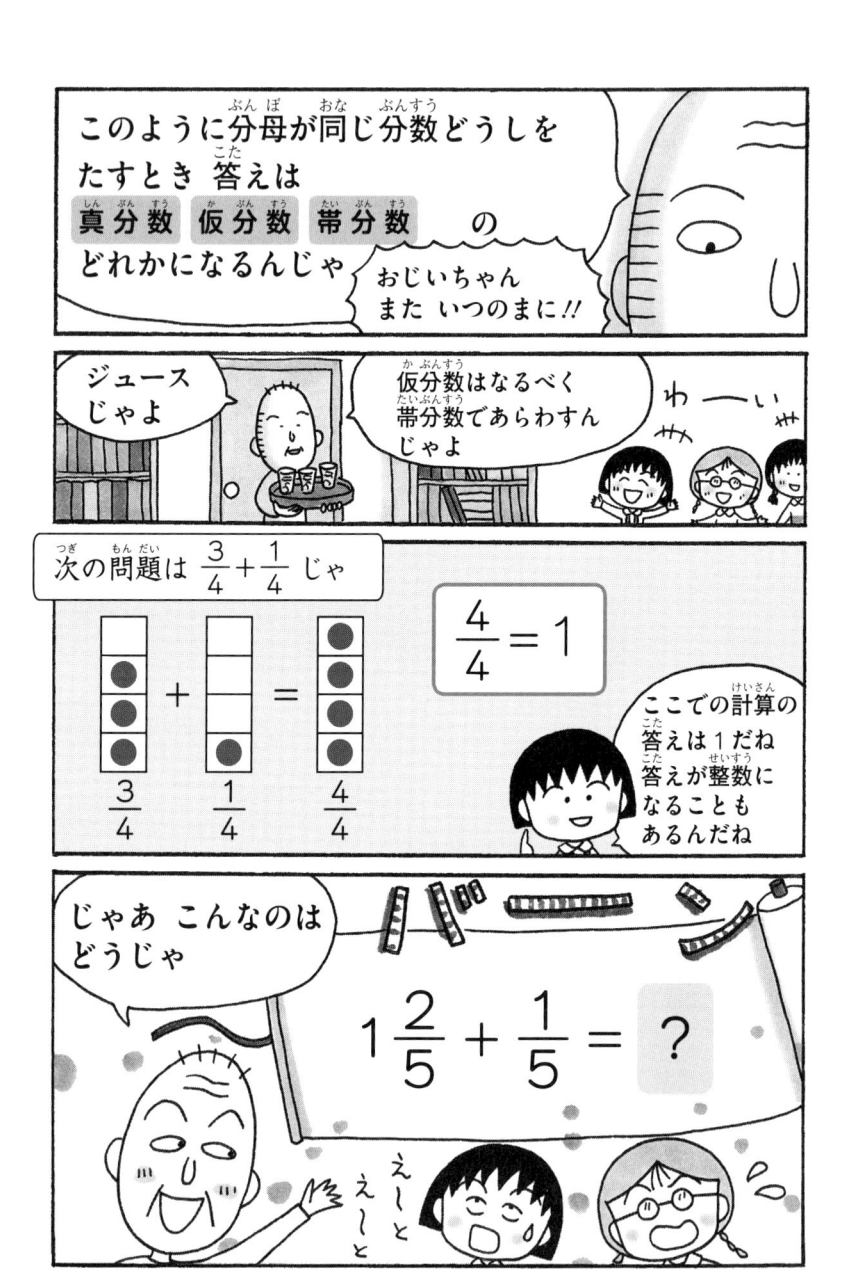

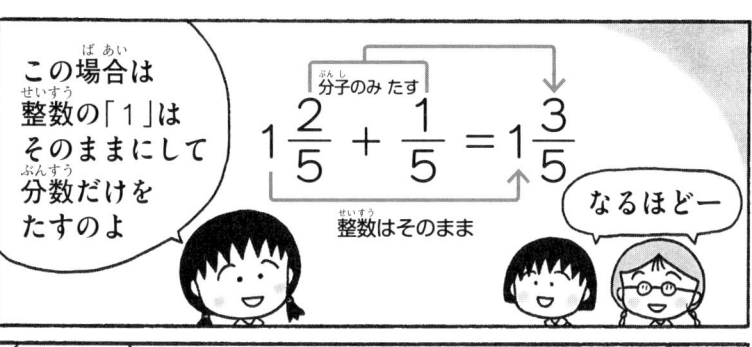

この場合は整数の「1」はそのままにして分数だけをたすのよ

分子のみ たす

$$1\frac{2}{5} + \frac{1}{5} = 1\frac{3}{5}$$

整数はそのまま

なるほどー

これはどうじゃ

$$1\frac{4}{5} + \frac{3}{5} = \ ?$$

まず分数の「$\frac{4}{5} + \frac{3}{5}$」を計算しよう

分数の部分だけ計算する

帯分数にすると

$$\frac{4}{5} + \frac{3}{5} = \frac{7}{5} \longrightarrow 1\frac{2}{5}$$

$1 + 1\frac{2}{5}$ になるんだねここからどう計算すればいいんだろう

整数どうしをたせばいいのよ

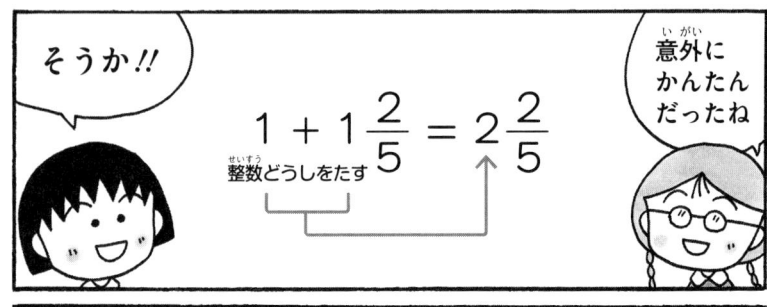

そうか!!

$$1 + 1\frac{2}{5} = 2\frac{2}{5}$$

整数どうしをたす

意外に
かんたん
だったね

分母が同じ分数のたし算は

① 分子のみをたす

② 整数は整数どうしをたす

③ 答えが仮分数になったら
帯分数にする

こういう
ことだよね!

うん
うん

わしの孫
天才なんじゃと
わし思ふ
友蔵じじバカの俳句

おじいちゃん?

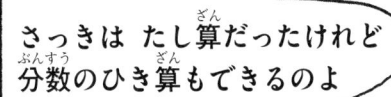

さっきは たし算だったけれど
分数のひき算もできるのよ

えっ ひき算!!
急にハードルが
上がったねぇ

たし算もひき算も
考えかたは同じよ

分母はそのままで
分子だけ計算すれば
いいっていうこと？

$\dfrac{4}{5} - \dfrac{1}{5}$ を計算してみよう

分子のみ ひく

$$\dfrac{4}{5} - \dfrac{1}{5} = \dfrac{3}{5}$$

分子だけ
計算すれば
いいんだよね

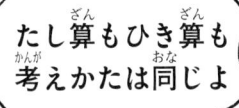

答えは
$\dfrac{3}{5}$
だね

正解よ

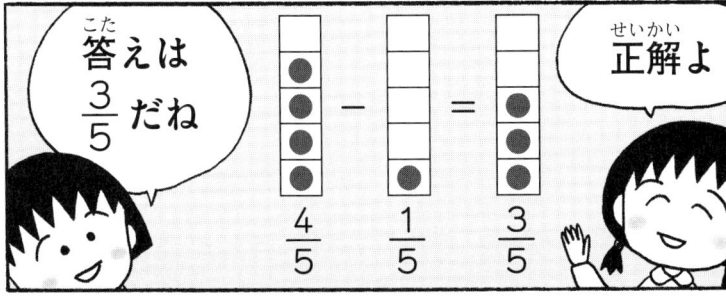

$$\dfrac{4}{5} \qquad \dfrac{1}{5} \qquad \dfrac{3}{5}$$

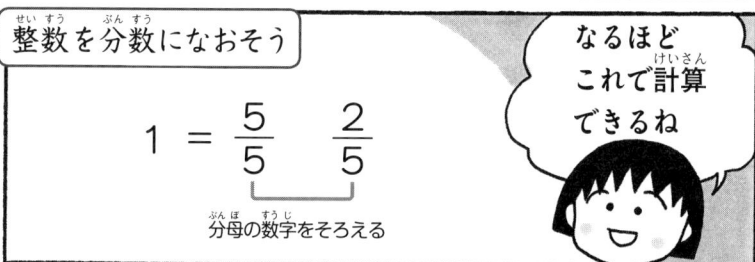

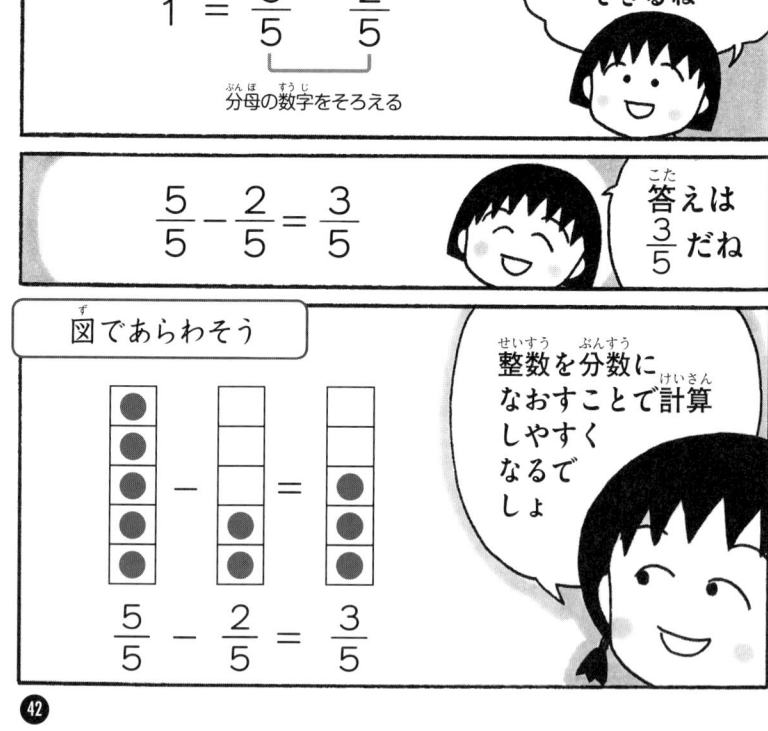

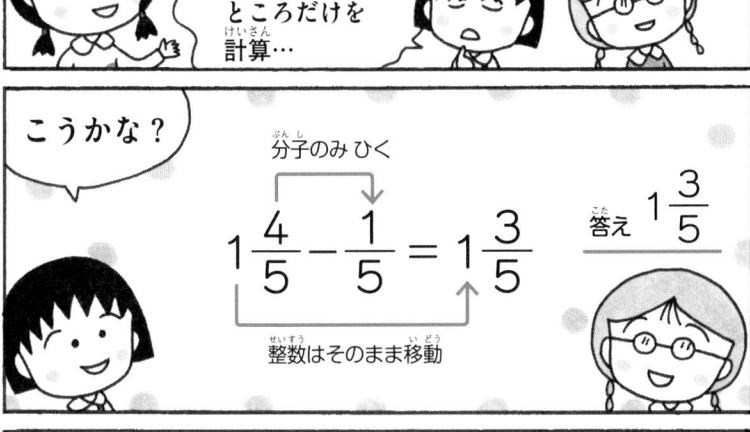

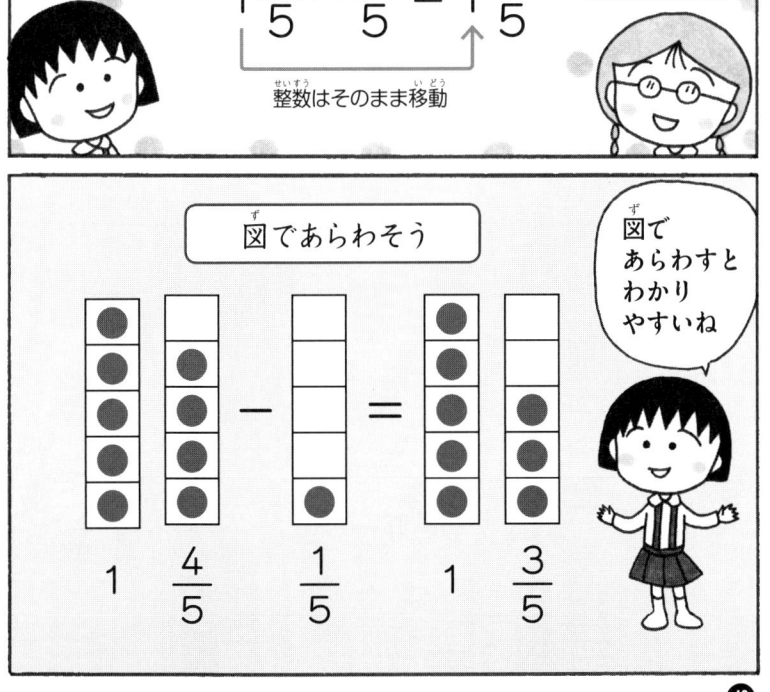

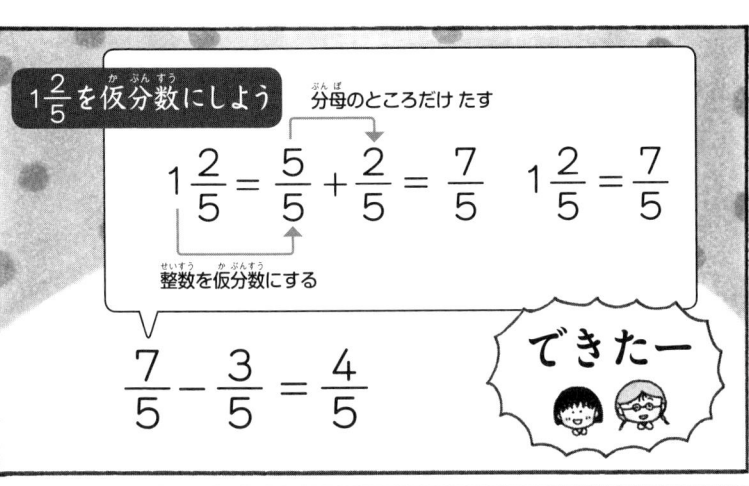

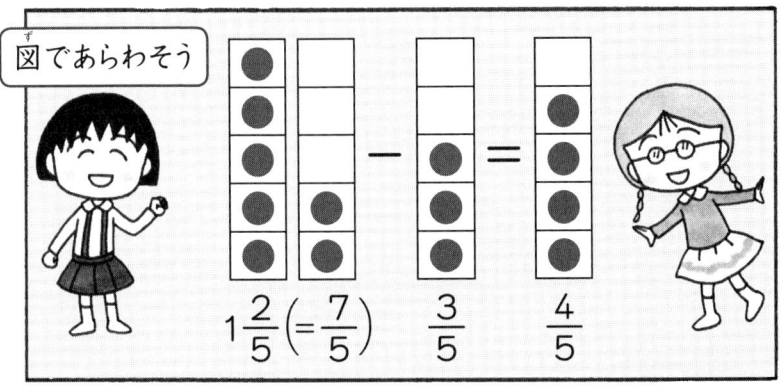

ここまでのまとめとポイント **2**

分母が同じ分数のたし算とひき算

- 分母はそのままで、分子だけを計算します。

例 $\dfrac{1}{4} + \dfrac{2}{4} = \dfrac{3}{4}$ ← $1 + 2 = 3$

分母はそのまま

$$\frac{1}{4} + \frac{2}{4} = \frac{3}{4}$$

$\dfrac{3}{5} - \dfrac{1}{5} = \dfrac{2}{5}$ ← $3 - 1 = 2$

分母はそのまま

$$\frac{3}{5} - \frac{1}{5} = \frac{2}{5}$$

- 帯分数は、帯分数を整数と分数に分けて計算するか、仮分数になおして計算します。

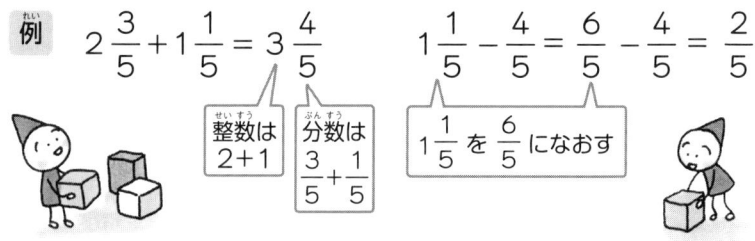

例 $2\dfrac{3}{5} + 1\dfrac{1}{5} = 3\dfrac{4}{5}$

整数は $2+1$　分数は $\dfrac{3}{5}+\dfrac{1}{5}$

$1\dfrac{1}{5} - \dfrac{4}{5} = \dfrac{6}{5} - \dfrac{4}{5} = \dfrac{2}{5}$

$1\dfrac{1}{5}$ を $\dfrac{6}{5}$ になおす

- 整数は分数になおして、計算します。

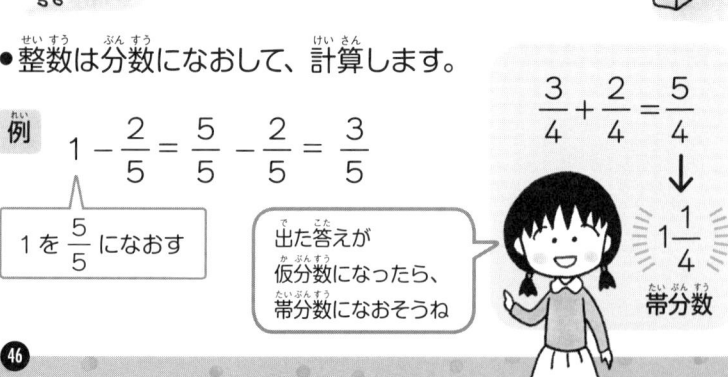

例 $1 - \dfrac{2}{5} = \dfrac{5}{5} - \dfrac{2}{5} = \dfrac{3}{5}$

1 を $\dfrac{5}{5}$ になおす

出た答えが仮分数になったら、帯分数になおそうね

$$\frac{3}{4} + \frac{2}{4} = \frac{5}{4}$$
$$\downarrow$$
$$1\frac{1}{4}$$

帯分数

約数ってなあに？

ちょうど1ダースだな

わあ いいな

新しいえんぴつを買ってもらったんだ

1ダース？

1ダースは12のことだよ

へえ 知らなかった

じゃあ さくらに問題だ

問題 12本のえんぴつを同じ本数ずつに分ける方法はなん通りあるか？

えっ いきなり

なん人で分けるかによってちがうよね

うん

2人で分ける場合

$$12本 \div 2人 = 6本$$

答えは6本だね

3人で分ける場合は12本÷3人＝4本だな

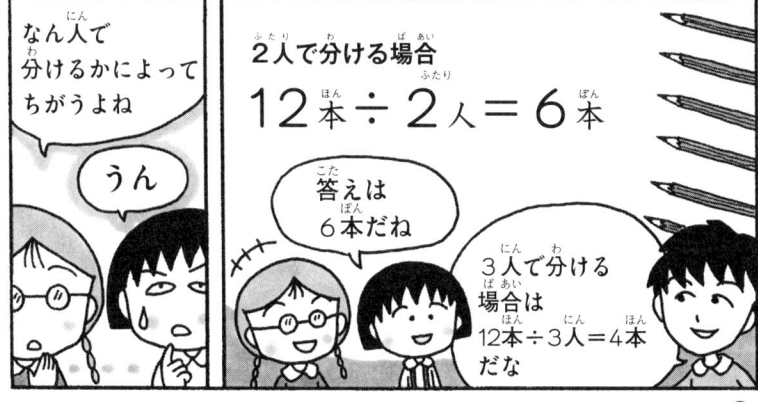

この方法で考えると

		1人あたり
1人	12 ÷ 1 = 12	12本
2人	12 ÷ 2 = 6	6本
3人	12 ÷ 3 = 4	4本
4人	12 ÷ 4 = 3	3本
6人	12 ÷ 6 = 2	2本
12人	12 ÷ 12 = 1	1本

全部で
6通りの
分けかたが
あるんだね

1人で「分ける」っていう
いいかたはおかしい
よね

うん

「ひとりじめ」する
場合は全部もらえる
ってことだろ

なるほど…
あれ？ でも
5人や7人では
分けられない
？

12本を5人や7人で
分けようとしても
わりきれないだろ

12 ÷ 5 = 2 あまり2
12 ÷ 7 = 1 あまり5

本当だ

だから
この場合は
考えなくて
いいんだ

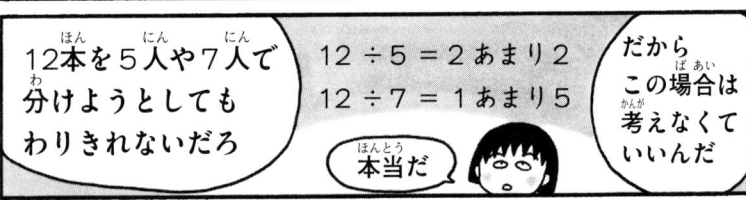

今のように「12」という数を
ぴったり わりきることができる
数字 1 2 3 4 6 12 を

↓

12の約数

と いうん
だぜ

約数とは ある整数をわりきることのできる整数のこと

約数を見つけるには
かけ算の九九を
思い出せばいいんだ

九九？

「12」の約数なら
答えが12になる
九九を考えるんだ

答えが
12…

わかった

$2 \times 6 = 12$
（または 6×2=12）

$3 \times 4 = 12$
（または 4×3=12）

まだあるぞ

$1 \times 12 = 12$
（または12×1=12）

今のかけ算の式に出てくる
すべての数字をひろってみよう

1×12
2×6
3×4

1,12,2,6,
3,4……

数字が小さい順に
ならべかえると

1,2,3,4,6,12 ← これが
12の約数

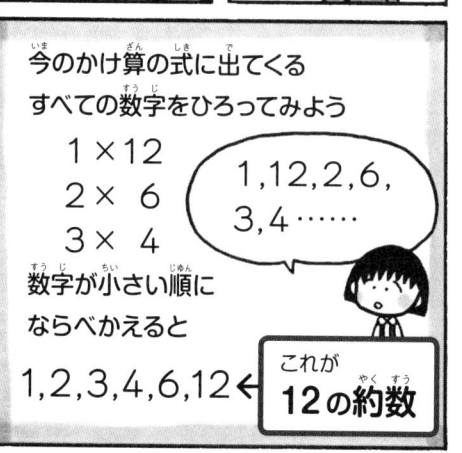

なるほど
わかりやすいね

じゃあ
18の約数は？

えーと
えーと
$2 \times 9 = 18$ と
$3 \times 6 = 18$ と

あと
$1 \times 18 = 18$
だね

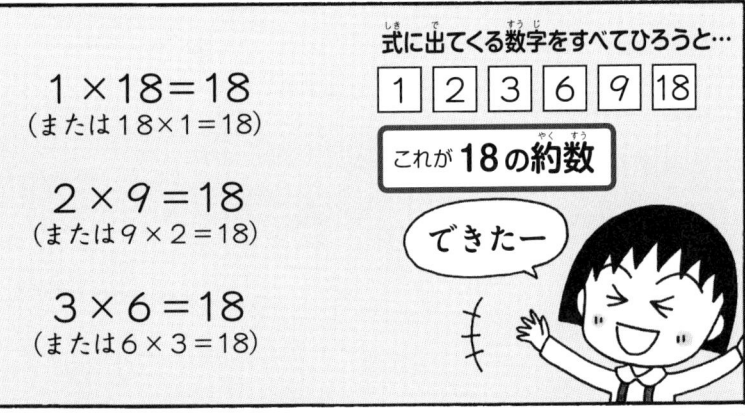

$1 \times 18 = 18$
（または $18 \times 1 = 18$）

$2 \times 9 = 18$
（または $9 \times 2 = 18$）

$3 \times 6 = 18$
（または $6 \times 3 = 18$）

式に出てくる数字をすべてひろうと…

| 1 | 2 | 3 | 6 | 9 | 18 |

これが **18の約数**

できたー

これで約数は
バッチリだな

うーん…
そのえんぴつ さては
すごい力があるね…
まる子に約数を
おぼえさせるなんて…

ま…
まるちゃん
ふつうに
売っている
えんぴつ
だよ…

これを考（かんが）えるためには「公約数（こうやくすう）」という考（かんが）えかたを使（つか）うのさ

公約数（こうやくすう）？

公約数（こう やく すう）とは　2つ以上（ふた いじょう）の数（かず）に共通（きょうつう）した約数（やく すう）のこと

12と18で共通（きょうつう）する約数（やくすう）に丸（まる）をつけてみよう

12の約数（やくすう）＝ ① ② ③ 4 ⑥ 12

18の約数（やくすう）＝ ① ② ③ ⑥ 9 18

12と18の公約数（こうやくすう）は1・2・3・6ってことさ

もしも2人（ふたり）だけでこっそり食（た）べる場合（ばあい）

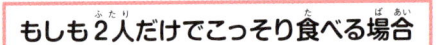 は 12÷2＝6で 1人（ひとり）あたり6こ
クッキー

 は 18÷2＝9で 1人（ひとり）あたり9こ
チョコ

2人（ふたり）だけずるいブー

ぴったりに分（わ）けることはできるけれどおなかいっぱいになるね

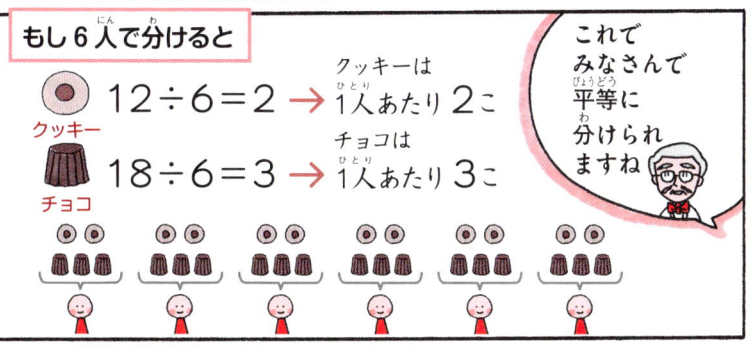

ここまでのまとめとポイント ③

約数・公約数・最大公約数

約数（やくすう）……ある整数をわりきることのできる整数。

例 12の約数 → 1, 2, 3, 4, 6, 12
18の約数 → 1, 2, 3, 6, 9, 18

> 1とその数自身も約数になる

公約数（こうやくすう）……2つ以上の数に共通の約数を公約数といいます。

例

12の約数　　　　　　　　18の約数

4　12　　**1　2　3　6**　　9　18

12と18の公約数

最大公約数（さいだいこうやくすう）……公約数の中でいちばん大きい数をいいます。

例 12と18の公約数は **1　2　3　6** なので、
12と18の最大公約数は **6** です。

「最小公約数」（さいしょうこうやくすう）ということばは使わないよ

なんで？

公約数（こうやくすう）でもっとも小さいもの（ちいさい）は 必ず（かならず）1になるからさ

なるほど

よーし 今日から ドリルを1日3問 やるよ!!

えっ!! たったの 3問?

がんばる んじゃ まる子!!

やらないより ましでしょ

チッ チッ チッ

| 1日後 → 3問 |
| 2日後 → 6問 |
| 3日後 → 9問 |

まる子や とけた 問題が 3問ずつ 増えていくって ことじゃな すごいぞ

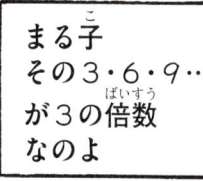

まる子 その3・6・9… が3の倍数 なのよ

倍数? 聞いたことの ないことば だね

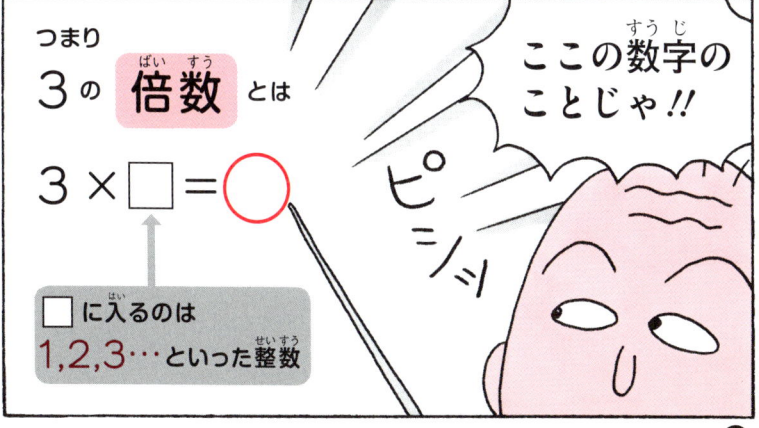

つまり 3の **倍数** とは

ここの数字の ことじゃ!!

$$3 \times \square = \bigcirc$$

□ に入るのは 1, 2, 3…といった整数

ピシッ

ようするに3を
1倍2倍3倍…
にしていった数を
3の倍数というのよ

★0を倍数に入れることもあります。

なるほどー
ということは

$3 \times 1 = 3$
$3 \times 2 = 6$
⋮
$3 \times 7 = 21$

この答えの部分が
倍数ってことか…
……あれ？

前にも似た話が
出てきたような…

あっそうか
約数だ!!

例

こういう
ことじゃ

$21 \div 7 = 3$
3と7は21の約数

$3 \times 7 = 21$
21は3と7の倍数

「BとCが Aの約数」であるとき「AはBとCの倍数」

$A \div B = C \rightarrow$ BとCはAの約数
$B \times C = A \rightarrow$ AはBとCの倍数

そういう
ことか

まる子 次はこの
たて9cmよこ6cmの
カードを使って倍数を
考えるわよ

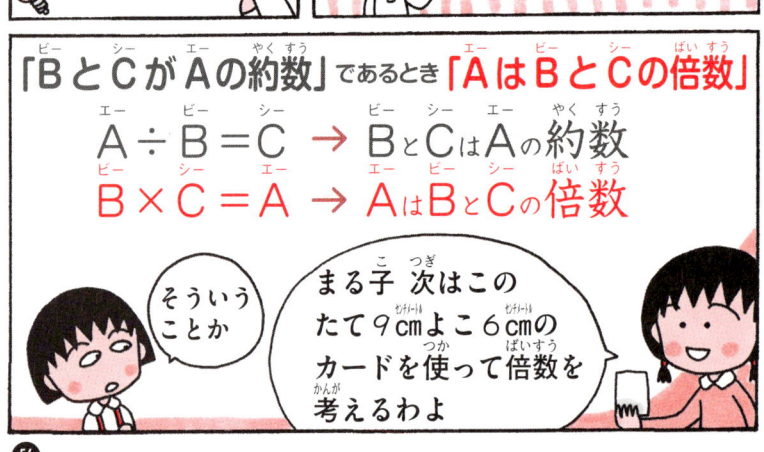

たて９㎝よこ６㎝のカードをなんまいか ならべて正方形を作ろう

えっ
急に難問

6cm

9cm

長方形のカードで
正方形を作るって
どういうこと？

ようするに

カードをいくつか
ならべて たてと
よこの長さが同じに
なるように
するのよ

9と6の倍数を書いて共通する数字に丸をつける

9の倍数＝　9　(18)　27　(36)　45 …

6の倍数＝　6　12　(18)　24　30　(36)　42 …

ここで
共通している
のは18と36
だね

そう 今みたいに
2つ以上の数に
共通する倍数を
公倍数 と
いうのよ

その中で いちばん
小さいものだけ 特別に

最小公倍数 と

よぶのよ

じゃあ 今
出した最小
公倍数の
18を使って
考えようか

9と6の最小公倍数18

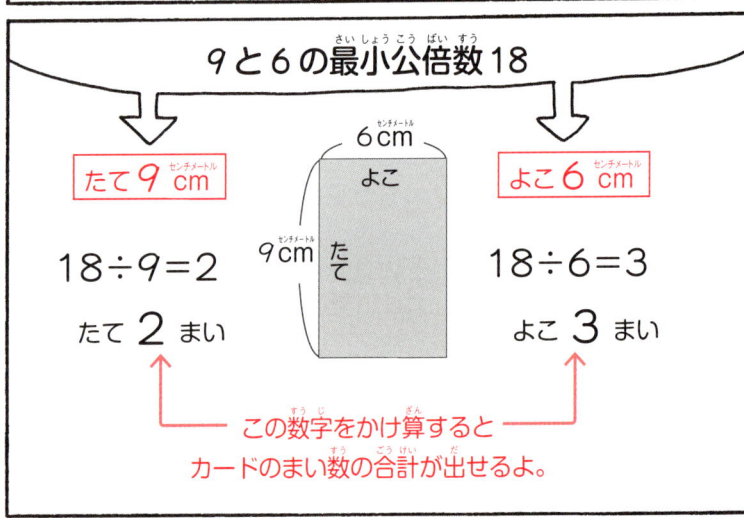

たて9 cm

$18÷9=2$

たて 2 まい

6 cm
よこ
9cm たて

よこ6 cm

$18÷6=3$

よこ 3 まい

この数字をかけ算すると
カードのまい数の合計が出せるよ。

よこ3まい×たて2まい＝6まい

合計6まいだ!!

じゃあカードを
ならべてみましょう

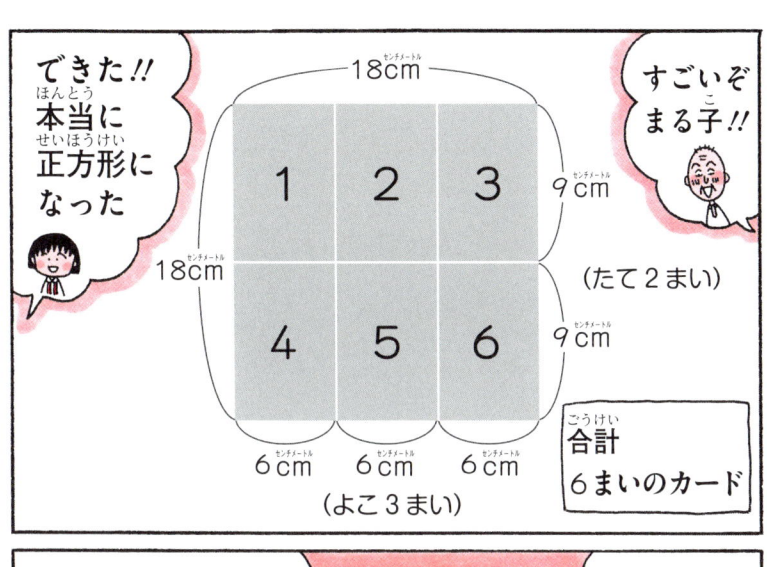

倍数・公倍数・最小公倍数

倍数 ……ある整数□に、整数をかけてできる数を、「□の倍数」といいます。

例　3の倍数 ⟶　$3 × 1 = 3$
　　　　　　　$3 × 2 = 6$ ⟶ これが3の倍数
　　　　　　　$3 × 3 = 9$

倍数は、**どこまでも大きく**なります。たとえば

2の倍数… 2 , 4 , 6 , 8 , 10 , 12 , 14 , 16 , 18 , 20 , 22 , 24 ……

3の倍数… 3 , 6 , 9 , 12 , 15 , 18 , 21 , 24 , 27 ……

公倍数 …… いくつかの数に共通の倍数のことをいいます。

例　25より小さい数のとき

2の倍数　　　　　　　　　　　**3の倍数**

2　4　8　10　　6　12　　3　9　15　21
14　16　20　22　18　24

2と3の公倍数

最小公倍数 …… 公倍数の中で、もっとも小さい数をいいます。

例　2と3の公倍数は、**6　12　18　24** … なので、
　　2と3の最小公倍数は **6** です。

「最大公倍数」という いいかたは
しないわよ　なぜなら 公倍数は
どこまでも 大きくなるからなのよ

約分ってなあに?

うん 今年は
お姉ちゃんと年賀状を
20まいずつ書くんだ

おっ
たいへん
そうだな

お——
がんばれ
がんばれ

それにしても
20まいって
けっこうあるね
まだ5まいしか
書けてないよ

まだ
$\frac{1}{4}$
なのね

$\frac{1}{4}$? なんで
まいなのに
5
$\frac{1}{4}$
なの?

約分して
みたのよ

?

約 分?

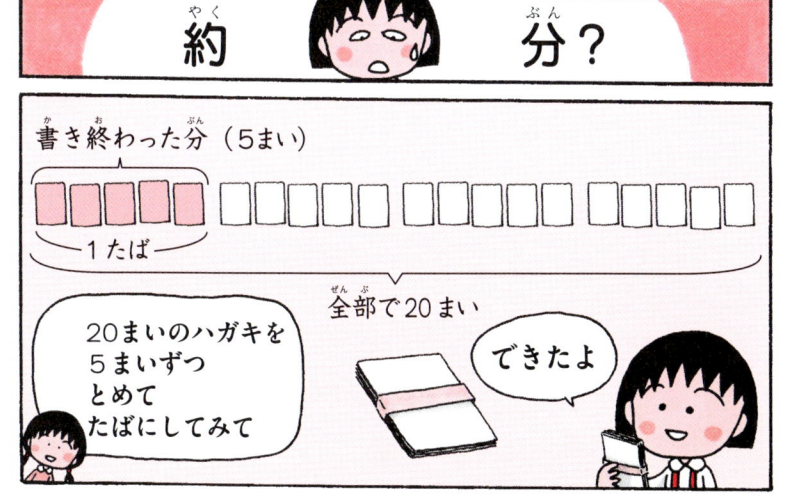

書き終わった分 (5まい)

1たば

全部で20まい

20まいのハガキを
5まいずつ
とめて
たばにしてみて

できたよ

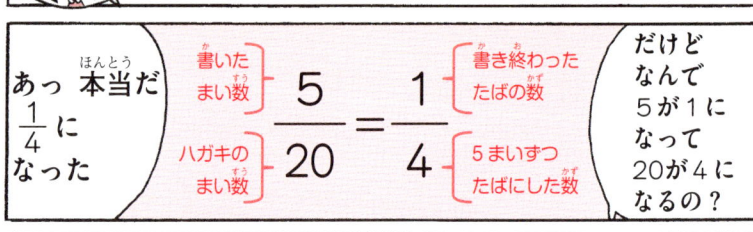

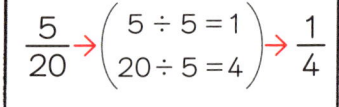
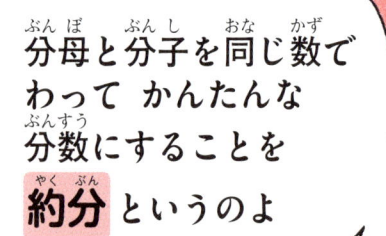
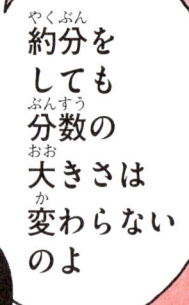

でも18は5で
わりきれないよ

ばかね
いつも5で
わるなんて
決（き）まって
いないわよ

えっ？　じゃあ
なにでわれば
いいのさ

このあいだ　勉強（べんきょう）した
「公約数（こうやくすう）」でわれば
いいのよ

…えーと
……
どういう
ことだっけ？

こうやくすう…

分子（ぶんし）の18と
分母（ぶんぼ）の60を
両方（りょうほう）ともわり
きれる数（かず）の
ことよ

$$\frac{18}{60}$$

共通して
わりきれる数（かず）

あっ
思（おも）い出（だ）し
た!!

$$\frac{9}{30}$$ ← $9 \div 3 = 3$
← $30 \div 3 = 10$

3でわり
きれるね

とりあえず2で
わりきれそうだから
わってみたら？

$$\frac{18}{60} \rightarrow \frac{18 \div 2}{60 \div 2} = \frac{9}{30}$$

あれ？まだ
大（おお）きい数（かず）だね

$$\frac{18}{60} = \frac{9}{30} = \frac{3}{10}$$

これ以上（いじょう）は
約分（やくぶん）でき
ないな

どう？
$\frac{18}{60}$ より $\frac{3}{10}$ の
ほうが
大（おお）きさが わかり
やすいでしょ

うん
だから約分（やくぶん）
するんだね

$\frac{18}{60} = \frac{3}{10}$

スッキリ

分数（ぶんすう）は こんなふうに
分母（ぶんぼ）と分子（ぶんし）を同（おな）じ数（かず）で
わっても 同（おな）じ量（りょう）をあらわす
分数（ぶんすう）になるってことだな

よく
わかったよ

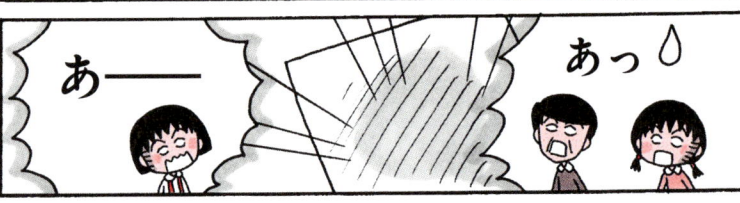

あ——

あっ

元旦（がんたん）

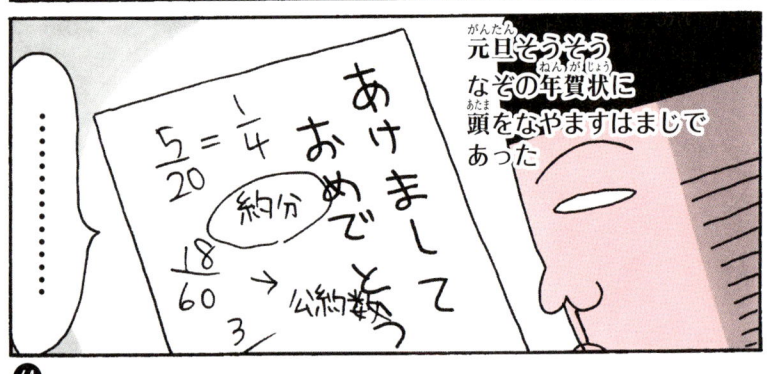

$\frac{5}{20} = \frac{1}{4}$
あけまして
おめでとう
約分

$\frac{18}{60}$ → 公約数

元旦（がんたん）そうそう
なぞの年賀状（ねんがじょう）に
頭（あたま）をなやますはまじで
あった

わぁ やってるね

たまちゃん
早く
おもち もらいに
行こうよ

みんな 同じ重さの
おもちなんだね

おいしそう
だね

まる子は5こに
分けて食べるよ

まる子の分けたもち

オレは3こに
分けて食べるぞ

小杉の分けたもち

おいしい
ね

やっぱり
つきたての
おもちは
ちがう
ねぇ

はあ〜
2こ食べたら
おなかいっぱい
だよ

わたしも

じゃあ残った
のをオレに
くれ

あれ？
小杉のまだ
いっぱい
あるじゃん

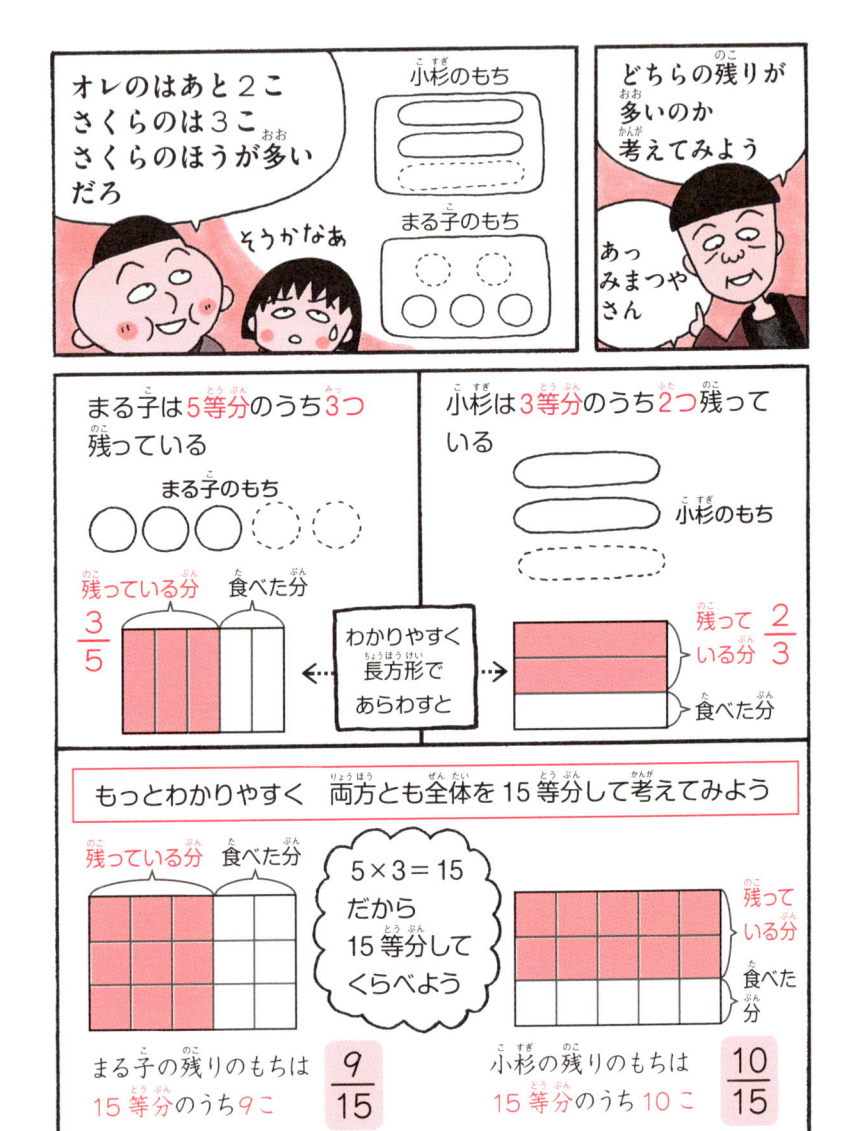

15等分してみたら
残りはまるちゃんの
ほうが少ないね

$\dfrac{9}{15}$

$\dfrac{10}{15}$

このやりかたを
通分 という
んだ

通分？

そうだ 分母の数字を
同じにして 大きさを
くらべやすくすることを
通分 というんだ

$\dfrac{3}{5}$ と $\dfrac{2}{3}$ だと どっちが大きい
かわからなかったけれど
通分して $\dfrac{9}{15}$ と $\dfrac{10}{15}$ にすれば
ひとめでわかるね

分母を同じ数にするには
分母の数字の共通の倍数
を見つけるんだ

$\dfrac{3}{5}$ と $\dfrac{2}{3}$ の分母で
ある5と3の
最小公倍数を
見つけよう

5の倍数＝5 10 15 20…

3の倍数＝3 6 9 12 15 18…

5と3の
最小公倍数は15

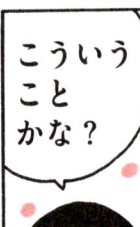
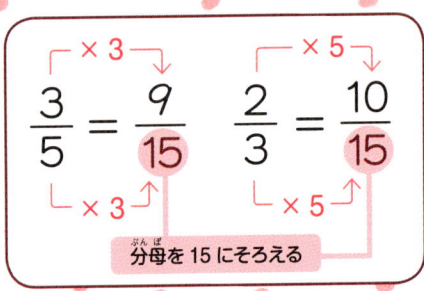

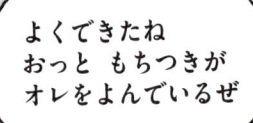

ここまでのまとめとポイント 5

約分（やくぶん）…… 分数の分母と分子を、同じ数でわって、分母を小さい分数にすることを「約分する」といいます。

例（れい）

$$\frac{18}{60} = \frac{9}{30} = \frac{3}{10}$$

÷2　÷3

÷2　÷3

> これ以上は約分できないよ

ポイント　約分するときは、分母と分子を、それぞれの最大公約数でわると、かんたんにできるぞ

通分（つうぶん）…… 2つ以上の分母がちがう分数を、それぞれの分数の大きさを変えずに、分母の数をそろえることを「通分する」といいます。

例（れい）　$\frac{3}{5}$ と $\frac{2}{3}$ を通分して どちらが大きいか見てみよう

$$\frac{3}{5} = \frac{3 \times 3}{5 \times 3} = \frac{9}{15}$$

$$\frac{2}{3} = \frac{2 \times 5}{3 \times 5} = \frac{10}{15}$$

→ 分母を 5 と 3 の最小公倍数である 15 にそろえる

$\frac{3}{5}$ より $\frac{2}{3}$ のほうが大きい

ポイント　通分するときは、それぞれの分母の最小公倍数を共通の分母にするぞ

ところで 分母が同じ大きさになっていないときに そのまま たし算とかひき算をしてはいけないよ

えっ なんで？

それより だれの声??

なぜなら $\frac{1}{5}$ の 1あたりの大きさと $\frac{1}{3}$ の 1あたりの大きさがちがうので $1+1＝2$ というふうに分子だけのたし算ができないからね

えーと $\frac{1}{5}$ と $\frac{1}{3}$ だから…

わかるような わからない ような…

まずは通分して分母の数をそろえるんだよ

68ページの 小杉の おもちの 計算

まる子から もらった分　小杉が 残していた分

$$\frac{1}{5} + \frac{2}{3} \longrightarrow \frac{?}{15} + \frac{?}{15}$$

通分

5と3の共通する倍数は 15

分母を 15に そろえる んだね

次に分子の計算をする

あ 　$\frac{1}{5}$ → 分母の5を 15にするため3をかける 分子にも同じように3をかける → $\frac{1}{5}$　$\frac{3}{15}$

×3
×3

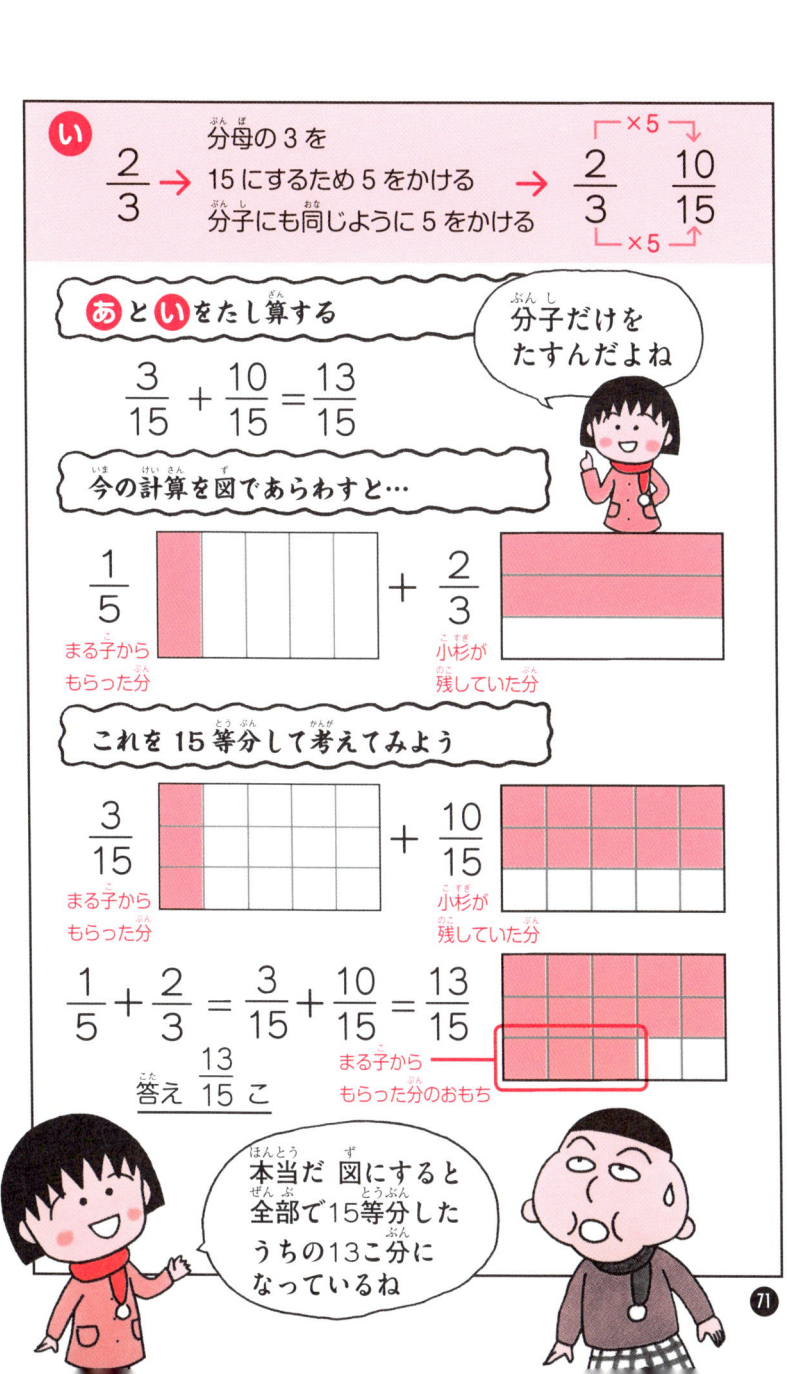

通分すれば分母がちがう分数どうしでも たし算できるようになるね

オレの計算はちがっていたんだな

ほかにもやってみようよ

問題 $\dfrac{1}{6} + \dfrac{1}{8} = ?$

かんたんかんたん分母をそろえて…

あれ？公倍数いくつかな

公倍数が見つかりにくいときは次のようにする

$$\dfrac{1}{6} + \dfrac{1}{8}$$ 分母の数どうしをかけ算

この場合は $6 \times 8 = 48$ ← この数が分母になる

くわしくあらわすと

$$\dfrac{?}{6\times8} + \dfrac{?}{8\times6} = \dfrac{?}{48} + \dfrac{?}{48}$$

$$\frac{1 \times 8}{48} + \frac{1 \times 6}{48} = \frac{8}{48} + \frac{6}{48} = \frac{14}{48}$$

答えは $\frac{14}{48}$

すっきりしてない分数だね

まるちゃん約分だよ！

あっ そうか

$$\overset{\div 2}{\frac{14}{48}} = \frac{7}{24}$$

$÷2$

答え $\frac{7}{24}$

まだ数が大きい気がするけど…

これ以上約分できないから これでよいのかな

せいかい
正解

ボソ…

帯分数が出てくる問題もあるよ…
ククク…

あっ 野口さん

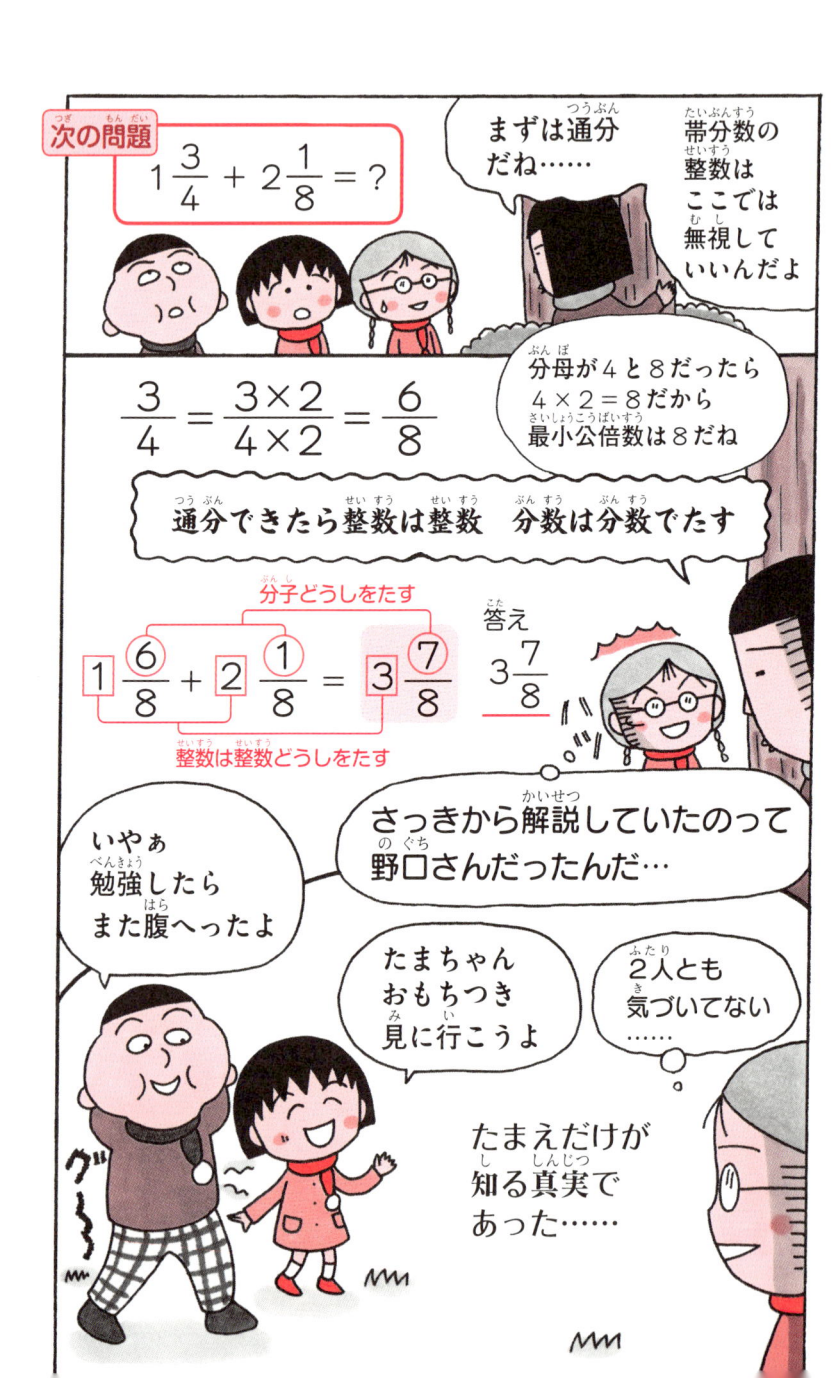

⑬ 分母がちがう分数のひき算

日がのびたね

明るいと
なん時だか
わからないよね

おや こんにちは

あっ 佐々木の
じいさん
こんにちは

きみたち
$\frac{1}{3}$ 時間から
$\frac{1}{4}$ 時間を
ひくと
なん時間か
知ってますか?

えっ? $\frac{1}{3} - \frac{1}{4} = ?$

ちょっと
わかりにくいかも
しれませんね

ひき算も通分して
計算すればいいのよ

あっ
お姉ちゃん

むかえに
来たわよ

通分するには
2つの分数の
分母の公倍数を
見つける…んだよね

3の倍数 → 3　6　9　⑫　15
4の倍数 → 4　8　⑫　16　20

3と4の最小公倍数は12だ!!

正解

分母を12に
そろえるのね

このように
なります

$$\frac{1}{3} = \frac{1 \times 4}{3 \times 4} = \frac{4}{12}$$

$$\frac{1}{4} = \frac{1 \times 3}{4 \times 3} = \frac{3}{12}$$

分母を
12に
そろえる

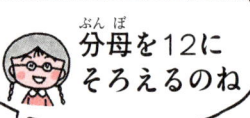

ということは
式と答えは
こうかな？

分子だけひく

$$\frac{1}{3} - \frac{1}{4} = \frac{4}{12} - \frac{3}{12} = \frac{4-3}{12} = \frac{1}{12}$$

答え $\frac{1}{12}$ 時間

これで $\frac{1}{3}$ 時間から $\frac{1}{4}$ 時間を
ひくと $\frac{1}{12}$ 時間とわかったわね

でも…
この答え
どれくらいの
時間なのか
ピンとこないよね

うん
$\frac{1}{12}$ 時間って
なん分なんだ
ろう

それでは
少し図にして
考えて
みましょう

時計の文字ばん
を長いはりが
ぐるっと1回転
すると1時間
ですね

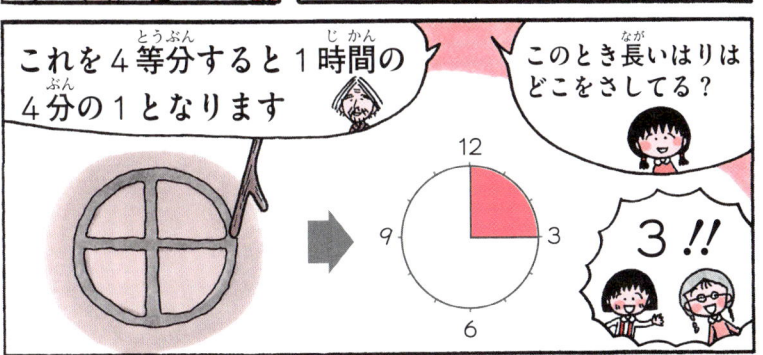

これを4等分すると1時間の
4分の1となります

このとき長いはりは
どこをさしてる？

3！！

そう $\frac{1}{4}$ は3を
さしてるわね

時計の12時間の
めもりのうち
3時をあらわすめもり
だから $\frac{3}{12}$ と $\frac{1}{4}$ は
同じですね

つまり $\frac{1}{4}$ 時間と $\frac{3}{12}$ 時間は同じということだね

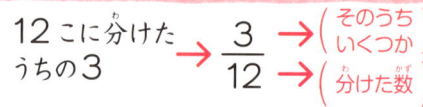

12こに分けたうちの3 → $\frac{3}{12}$ → (そのうちいくつか) → (分けた数)

$\frac{3}{12}$ 約分 $\frac{1}{4}$

よって $\frac{1}{4}$ と $\frac{3}{12}$ は同じということ

なるほど〜

では同じように時計のはりが $\frac{1}{3}$ だけ回転するとどこをさしますか？

4時のめもりがあるところかな

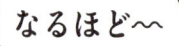

たまちゃんそのとおりじゃ

あっ おじいちゃん

まるちゃんのおじいちゃんこんにちは

おやさくらさん

全部で12のめもりがあるのを3等分するんじゃから
$12 \div 3 = 4$ と考えればいいんじゃな

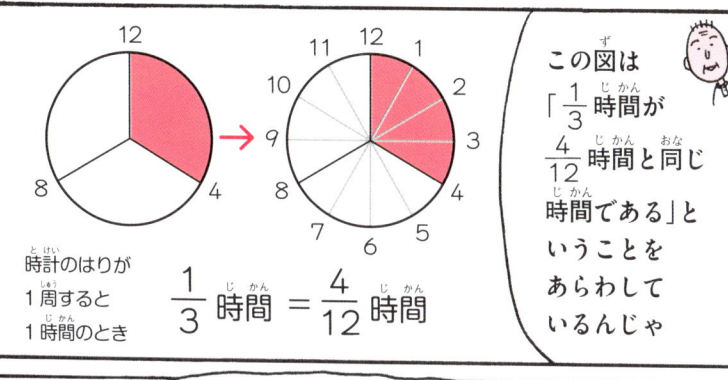

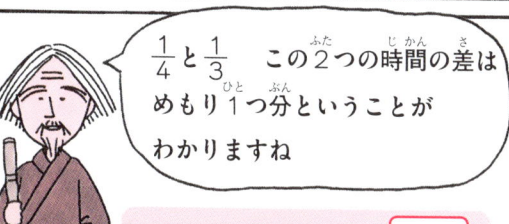

ただいまー

すっかり おそく なって しまった わい

お母さん牛乳 少ないって いってたから 買ってきたよ

あら おかえりなさい お母さんも 牛乳買ってきちゃったわ

まだ半分 残ってるし

牛乳 いっぱいになっちゃったね

そうだ

？

えっまた問題

ここに1本1Lの牛乳が2本と $\frac{1}{2}$ L あります

ここから $\frac{3}{4}$ L の 牛乳を飲んだら 残りはなんLに なるでしょうか

えーと えーと

80

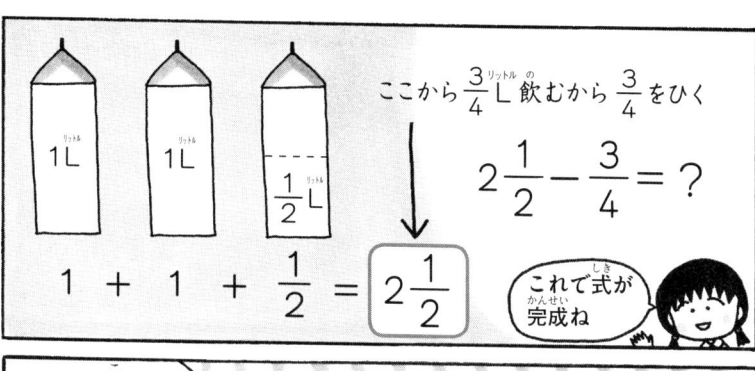

ここから $\frac{3}{4}$ L 飲むから $\frac{3}{4}$ をひく

$$2\frac{1}{2} - \frac{3}{4} = ?$$

$$1 + 1 + \frac{1}{2} = 2\frac{1}{2}$$

これで式が完成ね

まる子 式は こうなるわね

$$2\frac{1}{2} - \frac{3}{4}$$

わかった

まずは 通分だね

$$2\frac{1}{2} - \frac{3}{4}$$ ← これを通分する

分母の2と4の最小公倍数は？

2の倍数→ 2 ④ 6 …
4の倍数→ ④ 8 12 …

4 ！！

帯分数の場合 整数のところはそのままにしておいて 分数の部分だけを通分するんじゃな

うん

じゃあさっそく通分して$2\frac{1}{2}$の分母を4にするよ

$$2\frac{1}{2} = 2\frac{1\times2}{2\times2} = 2\frac{2}{4}$$

いい調子じゃ まる子

次は通分したものを式にするわよ

式

$$2\frac{2}{4} - \frac{3}{4} = ?$$

あれ？分子の2から3がひけないよ

いったいどうしたら…

フフ まる子やいい方法があるんじゃよ

この場合は帯分数の整数の2のうち1をかりてきて分数に加えるのよ

そういえばそんな方法が……

$2\frac{2}{4}$

この部分から1をかりる

わかりやすくいうと2Lの牛乳のうち1L（$\frac{4}{4}$L）をかりるということよ

図で説明するわね

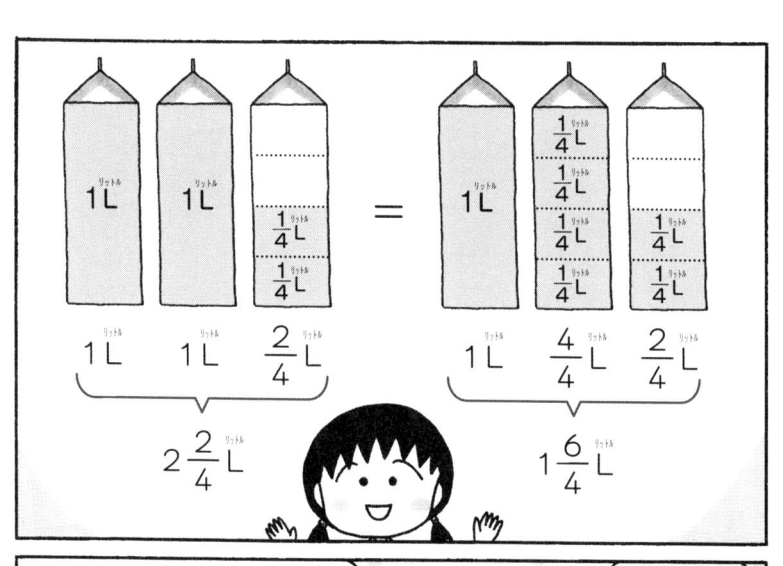

$2\frac{2}{4} = 1\frac{6}{4}$ となる ことが わかるわね

うん

まる子や これでやっと 計算できるように なったはずじゃ

分子のみ ひく

$1\frac{6}{4} - \frac{3}{4} = 1\frac{3}{4}$

できた

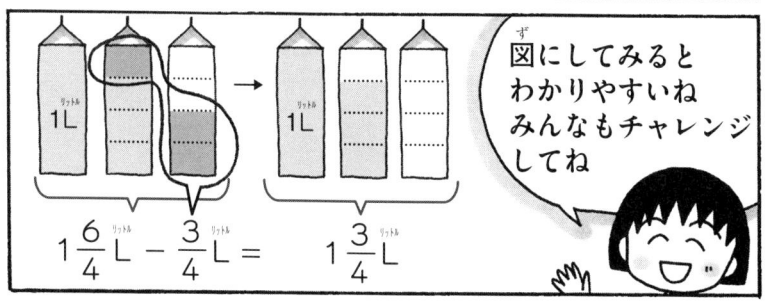

図にしてみると わかりやすいね みんなもチャレンジ してね

$1\frac{6}{4}L - \frac{3}{4}L = 1\frac{3}{4}L$

ここまでのまとめとポイント 6

分母がちがう分数のたし算・ひき算

分母がちがう分数では、たし算もひき算も、
必ず、通分をしてから計算します。

例 $\dfrac{1}{6} + \dfrac{1}{8}$ の計算 → 分母の 6 と 8 の最小公倍数 24 になる
ように、通分して分母を 24 にそろえる。

$$\dfrac{1}{6} + \dfrac{1}{8} = \dfrac{4}{24} + \dfrac{3}{24} = \dfrac{7}{24}$$

$$\dfrac{1}{6} = \dfrac{1 \times 4}{6 \times 4} = \dfrac{4}{24} \qquad \dfrac{1}{8} = \dfrac{1 \times 3}{8 \times 3} = \dfrac{3}{24}$$

分母を同じ数に
そろえるんだね

帯分数のたし算・ひき算

● 帯分数を仮分数になおして計算する。
● または、帯分数を整数と分数に分けて計算する。

例 $2\dfrac{1}{2} - \dfrac{3}{4}$ の計算

ポイント

帯分数のひき算で、
分数部分がひけない
とき、ひかれる数の
整数からくり下げて
計算するんじゃよ

① $2\dfrac{1}{2}$ を $2\dfrac{2}{4} → 1\dfrac{6}{4}$ になおす。

② $2\dfrac{1}{2} - \dfrac{3}{4} = 1\dfrac{6}{4} - \dfrac{3}{4} = 1\dfrac{3}{4}$

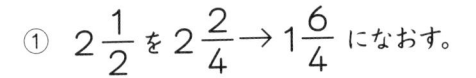

⑮ 分数×整数のかけ算

2Lのジュースの
びんが3本あると
なんLかわかる
かい？

えっ
永沢くん
急に
なんだい

それなら
ぼくにだって
わかるよ

2L×3＝6L
だろ

きみ案外
かしこいね

へえ

じゃあ1人あたり
$\frac{2}{5}$Lのジュースを
3人分あつめると
なんLになるか
わかるかい？

え……

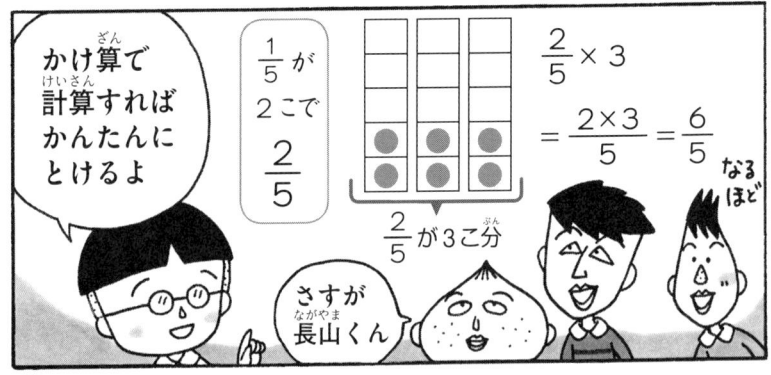

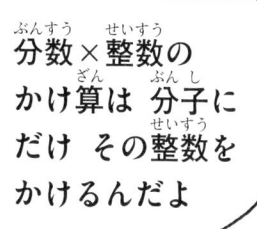

分数×整数の
かけ算は 分子に
だけ その整数を
かけるんだよ

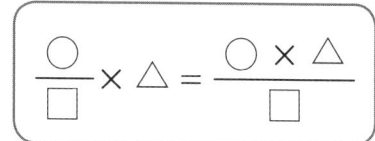

$$\frac{\bigcirc}{\square} \times \triangle = \frac{\bigcirc \times \triangle}{\square}$$

分子にだけかける

$$\frac{2}{5} \times 3 = \frac{2 \times 3}{5} = \frac{6}{5}$$

$$\frac{6}{5} \xrightarrow{\text{帯分数にする}} 1\frac{1}{5}$$

答えの $\frac{6}{5}$ は
帯分数になおす
んだよね

答え $1\frac{1}{5}$

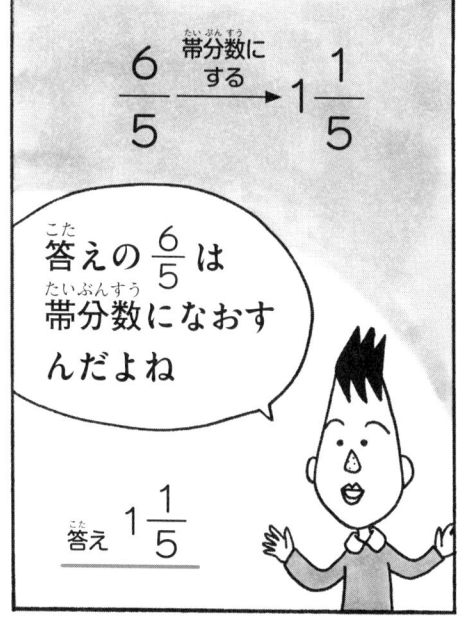

じゃあ
「$\frac{3}{8} \times 4$」は
どうかな？

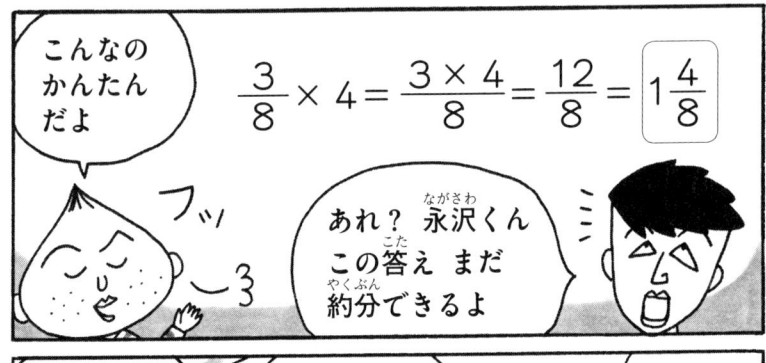

こんなの
かんたん
だよ

$$\frac{3}{8} \times 4 = \frac{3 \times 4}{8} = \frac{12}{8} = 1\frac{4}{8}$$

あれ？ 永沢くん
この答え まだ
約分できるよ

藤木くんの
いうとおり

約分すると
$1\frac{4}{8} = 1\frac{1}{2}$

答えは $1\frac{1}{2}$
だね

すごいね
藤木くん

でも この計算は
とちゅうでも
約分できるん
だよ

え？

とちゅうで
約分？

それは
すごいね!!

どう
やって
やるん
だい？

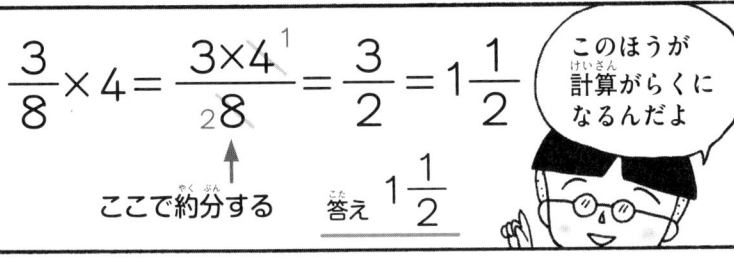

$$\frac{3}{8} \times 4 = \frac{3 \times 4^{1}}{{}_{2}8} = \frac{3}{2} = 1\frac{1}{2}$$

ここで約分する　　答え $1\frac{1}{2}$

このほうが計算がらくになるんだよ

なるほど

たしかに計算しやすくなったね

分数のかけ算はやらなければいけないことを

ひとつひとつ守っていけばらくに計算できるんだよ

分数 × 整数のかけ算のポイント

- 分母はそのままにして分子だけに整数をかける
- 式の帯分数は 仮分数になおす
- 約分できるときはとちゅうで約分
- 出た答えは なるべく帯分数に

これで分数×整数のかけ算はバッチリだね

どうだい藤木くんわかっただろ

う…うん…

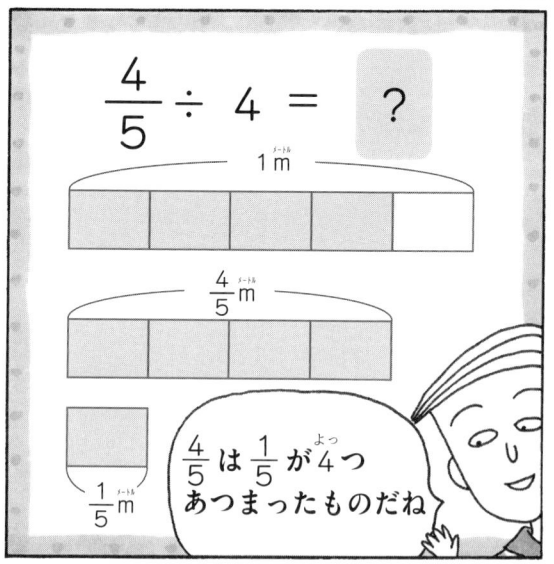

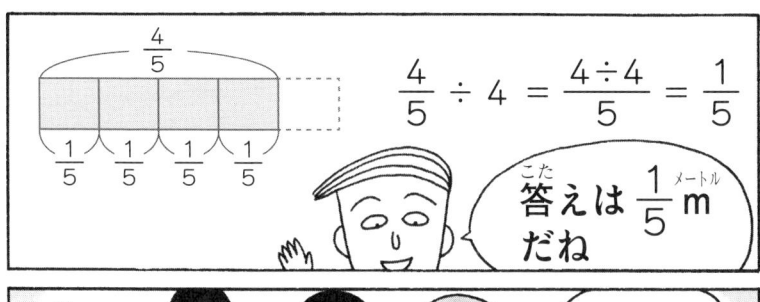

$$\frac{4}{5} \div 4 = \frac{4 \div 4}{5} = \frac{1}{5}$$

答えは $\frac{1}{5}$ m だね

フム
フム

なるほど

あっ こんな時間

これからピアノのおけいこなんだ

まるちゃん先に帰るね

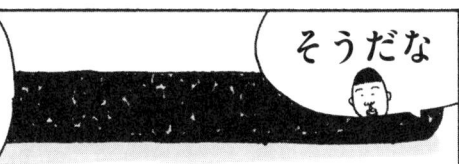

3人になったからこのふとまきを3等分にするっていうことだね

そうだな

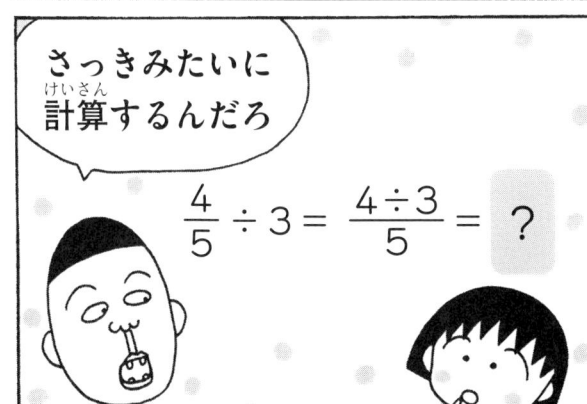

さっきみたいに計算するんだろ

$$\frac{4}{5} \div 3 = \frac{4 \div 3}{5} = \boxed{?}$$

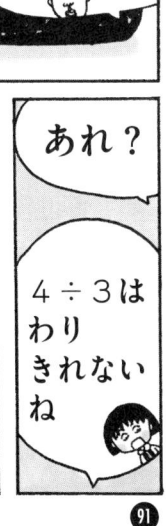

あれ？

4 ÷ 3 はわりきれないね

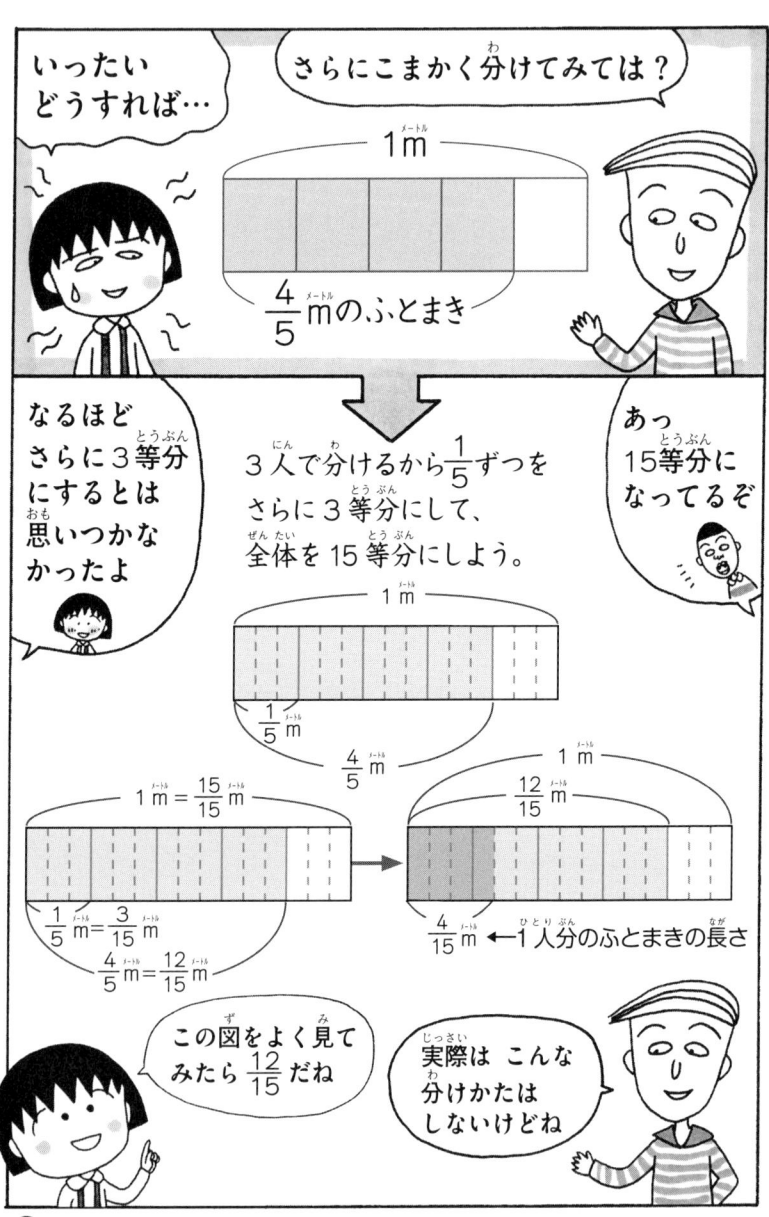

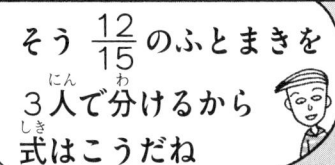

そう $\frac{12}{15}$ のふとまきを
3人で分けるから
式はこうだね

式

$$\frac{12}{15} \div 3 = \frac{12 \div 3}{15} = \frac{4}{15}$$

$\frac{4}{5}$ m のふとまきを
3人で分けたときの
1人分のふとまき
の長さは

答え $\frac{4}{15}$ m

もっとかんたん
に答えが
出せないもん
かね

もちろん
出せるさ

それを早くいってよ
花輪クン

なにか気づか
ないかい？
さくらくん

なにかって？
……あっ

$$\frac{4}{5} \div 3 = \frac{4}{15}$$

これって もしかして

$$\frac{4}{5 \times 3} = \frac{4}{15}$$

わる数の3を
分母にかけた計算
と同じなの？

よく
気づいたね

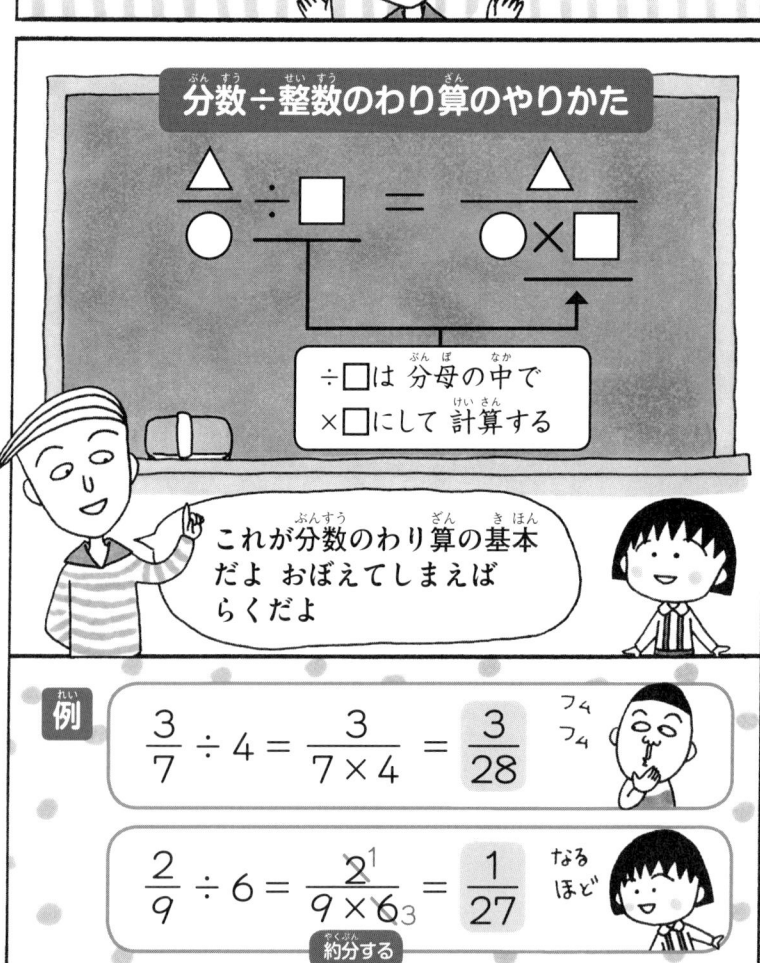

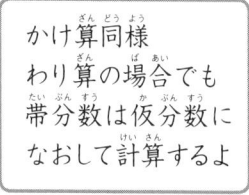

かけ算同様
わり算の場合でも
帯分数は仮分数に
なおして計算するよ

$$1\frac{3}{5} \div 5 = \frac{8}{5} \div 5$$

ポイント

そして注意しなくちゃ
いけないポイントが
ここさ

注 この式がかけ算なら約分できるけれどわり算だから約分できないんだ

まちがいの例
$$1\frac{3}{5} \div 5 = \frac{8}{15} \div 5 = \frac{8}{1} = 8$$

正しい式と答え
$$1\frac{3}{5} \div 5 = \frac{8}{5} \div 5 = \frac{8}{5 \times 5} = \frac{8}{25}$$

分母の中でかけ算

フンフン

なるほど
なっとく
だよ

これで
分数÷整数
のわり算も
かんぺきさ

ここまでのまとめとポイント ⑦

分数 × 整数

分数に整数をかける計算は、分母はそのままで、分子にだけその整数をかけます。

$$\frac{\triangle}{\bigcirc} \times \square = \frac{\triangle \times \square}{\bigcirc}$$

なるほど

例 $\dfrac{2}{5} \times 3 = \dfrac{2 \times 3}{5} = \dfrac{6}{5} = 1\dfrac{1}{5}$

「$\dfrac{2}{5} \times 3$」は、「$\dfrac{2}{5}$ が3つ」という意味だね

$2 \times 3 = 6$ なので、「$\dfrac{1}{5}$ が6つ」と同じことになるね

分数 ÷ 整数

分数を整数でわる計算は、分子はそのままで、分母にその整数をかけます。

$$\frac{\triangle}{\bigcirc} \div \square = \frac{\triangle}{\bigcirc \times \square}$$

例 $\dfrac{4}{5} \div 3 = \dfrac{4}{5 \times 3} = \dfrac{4}{15}$

÷3 を ×3 にして分母に入れる

ポイント

① 計算のとちゅうで約分できるときは、約分する。

② 帯分数は、仮分数になおして計算する。

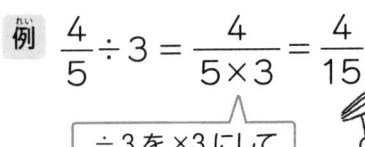

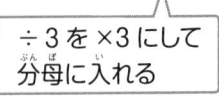

17 分数×分数のかけ算

スイカわり
しようぜ

今日はたまちゃんたちと
海に遊びに来ている
まる子

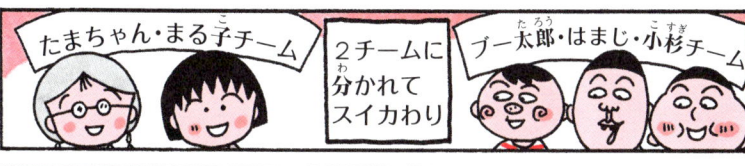

たまちゃん・まる子チーム

2チームに
分かれて
スイカわり

ブー太郎・はまじ・小杉チーム

エイ

わー
まるちゃん
すごーい

だいたい元のスイカの
$\frac{3}{5}$ くらいの大きさだね

これを
たまちゃんと
2人で
分けよう

どうやって
切り分けようか

切るものを
持ってないね

どれ おじさん
が切ってあげ
よう

ほら きれいに
半分になったよ

わー
ありがとう

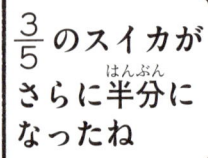

$\frac{3}{5}$ のスイカが さらに半分に なったね

ということは もとのスイカの 何分のいくつに なったんだろう？

半分だから ふつうに2で わるわり算だよね

$$\frac{3}{5} \div 2 = \frac{3}{5\times2} = \frac{3}{10}$$

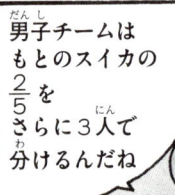

男子チームは もとのスイカの $\frac{2}{5}$ を さらに3人で 分けるんだね

少なくて かわいそう だね

オレの分は 小杉に あげるブー

わーい

小杉のスイカは $\frac{2}{5}$ を3人で分けた うちの2人分 だね

$$\frac{2}{5} \div 3 = \frac{2}{5\times3} = \frac{2}{15}$$

← 男子チームのスイカ 1人分の大きさ

$$\frac{2}{15} \times 2 = \frac{2\times2}{15} = \frac{4}{15}$$

← 男子チームのスイカ 2人分の大きさ

なんかめんどうな 計算だね

うん

分数×分数の計算を すればかんたんになるんだよ

あっ 海の家の おじさん

2/5を3人で分けたうちの2人分だから 2/5 に 2/3 をかければいいんだよ

2/3 をかける？

こういうことだよ

$$\frac{2}{5} \times \frac{2}{3} = \frac{2 \times 2}{5 \times 3} = \frac{4}{15}$$

分数に分数をかけるかけ算は、
分母どうし分子どうしを、それぞれかけます。

ほんとだ 4/15 は さっきの計算と同じ答えだね

分母どうし分子どうしをかけ算するんだね

そのとおり

あれ？ でも通分しなくていいの？

やってみるかい？

$$\frac{2}{5} \times \frac{2}{3} = \frac{6}{15} \times \frac{10}{15} = \frac{60}{225} \ !?$$

通分

あっ

答えの数字が大きくなっちゃったね

60/225

ここから約分しないといけないね

通分はたし算とひき算のときだけするんだよ

かけ算やわり算で通分をすると 答えは同じだけど計算がたいへんになるだけだよ

なるほどー

あえて通分する必要がないっていうことだね

まるちゃんシートにすわって食べよう

このシートなんだか小さいね

どれくらいの面積なんだろう?

たてが $\frac{4}{5}$ m

よこが $1\frac{3}{8}$ m

だね

と いうことは

長方形の面積
↓
(たて)×(よこ)

だから

これを計算すればいいんだね

$$\frac{4}{5} \times 1\frac{3}{8} = \boxed{?}$$

たて　　よこ

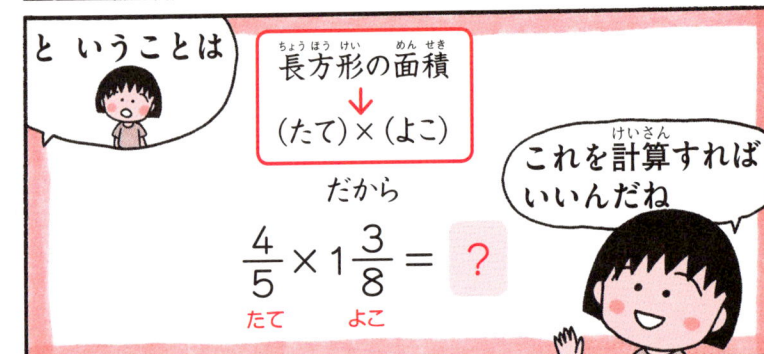

帯分数は仮分数にしよう

$$\frac{4}{5} \times \frac{11}{8} = \frac{\overset{1}{4} \times 11}{5 \times \underset{2}{8}} = \frac{11}{10}$$

約分できるときはすぐに約分だったね

答えを帯分数にするのもわすれちゃいけないブー

答え

$\dfrac{11}{10}$ 帯分数に → $1\dfrac{1}{10}$ ㎡

小さいね

小さいブー

もっと大きいの持ってくればよかったな…

そうだ このシートをテーブルがわりにしよう

おーなるほど

食べたら海に入って遊ぼう

楽しいスイカわりであった—

にんじんを たくさん
いただいたから
ジュースを作るのよ

なにしているの？

まる子も
作りたい

にんじん
材料

えーと「ふつうのにんじん
$\frac{2}{3}$ 本で コップ $\frac{1}{4}$ はい分
のにんじんジュースが
作れます」

なに
これ？

〜

わかりにくい
わね

どうして
$\frac{1}{4}$ はい分
なの
かしら？

にんじん
ジュースは
少しずつ
飲めって
ことじゃ
ないの

とりあえず
にんじんを
まるごと使い
たいから

にんじん１本なら
なんはい分 作れる
のか計算して
みましょう

えっ
また
計算？

まずは計算を
かんたんにして
考えてみようか

じゃあ まる子
にんじん1本で
コップ2はい分の
ジュースが作れる
とすると

にんじん
3本なら
なんはい
作れる？

え〜と

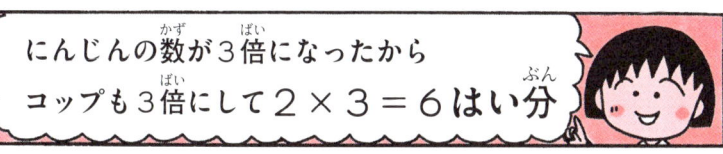

にんじんの数が3倍になったから
コップも3倍にして2×3＝6はい分

正解 じゃあ次は
その逆で
にんじん3本で コップ
6はい分のジュースが
作れるとしたら

にんじん
1本で
作れるのは
なんはい分？

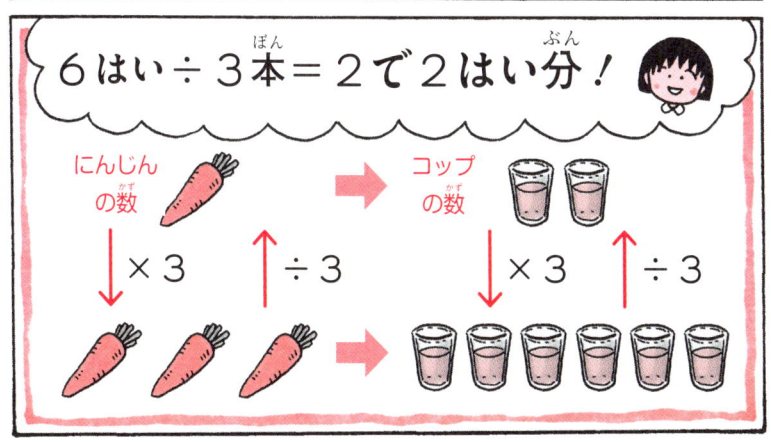

6はい÷3本＝2で2はい分！

にんじん
の数

コップ
の数

×3　÷3　　×3　÷3

○本のにんじんから　コップ□はい分の
ジュースを作れるとしたら

にんじん1本分が
コップなんはい分
かを求める式は
こうね

$\square \div \bigcirc$

こういう
こと？

全部でコップ
なんはい分か $\div$ にんじん
の本数 $=$ にんじん1本分で
作れるジュースが
コップなんはい分か

そうそう　だから
にんじん $\frac{2}{3}$ 本で
コップ $\frac{1}{4}$ はい分の
にんじん
ジュースが
作れるとしたら

にんじん1本分を
求めるには

$\frac{1}{4}$ はい $\div \frac{2}{3}$ 本

で計算できることに
なるわね

あれ？　でも分数
どうしのわり算って
どうやるんだろう？

思い出して
わり算のときは
わる数とわられる
数に 同じ数を
かけても

答えは
変わらないん
だったよね

例

$$6 \div 2 = 3$$

$6 \times 2 \qquad 2 \times 2$

$$12 \div 4 = 3$$

$6 \times 3 \qquad 2 \times 3$

$$18 \div 6 = 3$$

答えは
全部同じ

これは分数の
ときにも
同じなのよ

そう
なんだー

$$\frac{1}{4} \div \frac{2}{3}$$

$\frac{1}{4} \times 2 \qquad \frac{2}{3} \times 2$

$$\frac{2}{4} \div \frac{4}{3}$$

$\frac{1}{4} \times \frac{3}{2} \qquad \frac{2}{3} \times \frac{3}{2}$

$$\frac{3}{8} \div 1$$

＝ 出る答えは
全部同じ

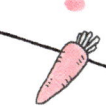

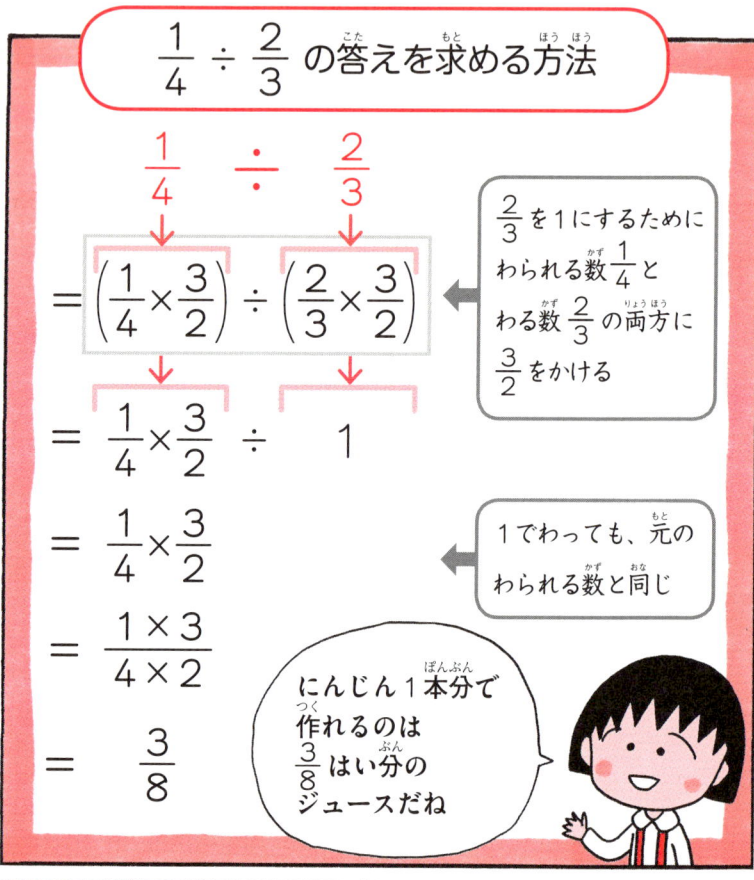

$\dfrac{1}{4} \div \dfrac{2}{3}$ の答えを求める方法

$\dfrac{1}{4}$　÷　$\dfrac{2}{3}$

$= \left(\dfrac{1}{4} \times \dfrac{3}{2} \right) \div \left(\dfrac{2}{3} \times \dfrac{3}{2} \right)$

$\dfrac{2}{3}$ を1にするために わられる数 $\dfrac{1}{4}$ と わる数 $\dfrac{2}{3}$ の両方に $\dfrac{3}{2}$ をかける

$= \dfrac{1}{4} \times \dfrac{3}{2} \div 1$

$= \dfrac{1}{4} \times \dfrac{3}{2}$

1でわっても、元の わられる数と同じ

$= \dfrac{1 \times 3}{4 \times 2}$

$= \dfrac{3}{8}$

にんじん1本分で 作れるのは $\dfrac{3}{8}$ はい分の ジュースだね

もともとの式は $\dfrac{1}{4} \div \dfrac{2}{3}$ だったのよね

そうだよ

今から書く式を よーく見るのよ

う…うん

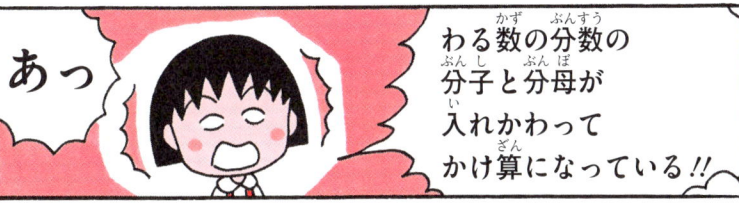

分数でわる計算は わる数の分母と分子を入れかえた数（逆数）をかけます

分数 ⑲ **整数÷分数のわり算**

お姉ちゃん
なに
あんでるの？

友だちの
たんじょう日に
あげるマフラーよ

ずいぶん
あんだね

２ｍになる
まで がん
ばるわよ

たんじょう日に
間に合うように
しなければ
いけないね

お茶もって
きたよ

あんまり時間ないわね

いったいなん日
かかるんだろう

１日にあめるのは
$\frac{2}{5}$ｍくらいずつかね

$\frac{2}{5}$ｍ？
どうやって
計算すれば
いいの？

ここの式では

$2 \div \frac{2}{5}$　だね

あっ 分数のわり算なら わかるよ

分母と分子を入れかえるんだよね

$$2 \div \frac{2}{5} = \frac{1}{2} \times \frac{2}{5} = \frac{\cancel{2}^{1}}{\cancel{2}\times 5} = \frac{1}{5}$$

これでどうだ

ブ

不正解

えー なんで？どこがまちがっているのさ

「$\frac{1}{5}$日」はだいたい
5時間くらい
だよ

よく考えてごらん
$\frac{1}{5}$日だったら
あっという間に
あめちゃう
だろう？

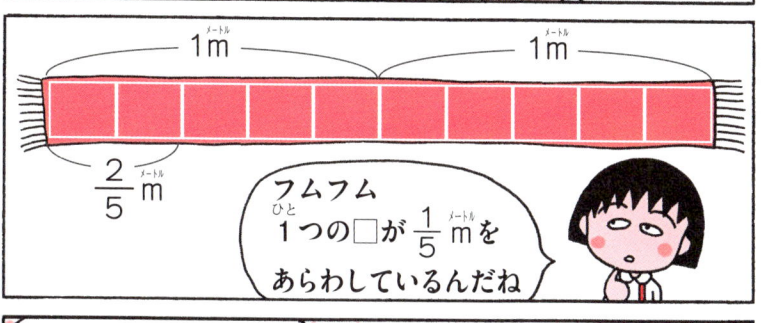

たしかに… じゃあ
どうすればよいのかな

マフラーの図で
考えてみよう
かね

1m　　　　1m

$\frac{2}{5}$m

フムフム
1つの□が $\frac{1}{5}$m を
あらわしているんだね

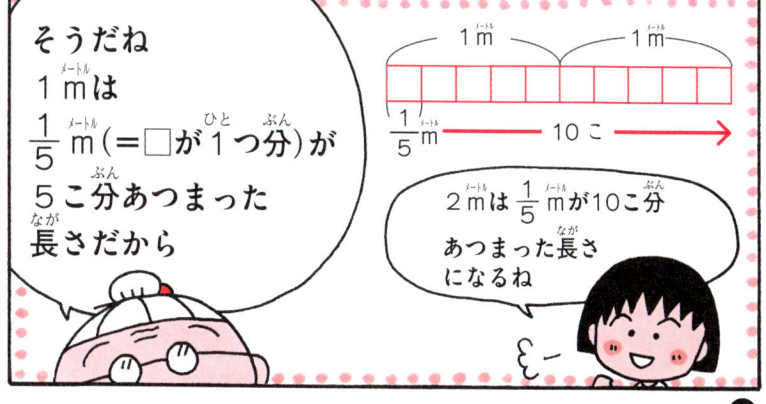

そうだね
1mは
$\frac{1}{5}$m（=□が1つ分）が
5こ分あつまった
長さだから

1m　　1m

$\frac{1}{5}$m ← 10こ →

2mは $\frac{1}{5}$m が10こ分
あつまった長さ
になるね

そのとおり！では
2mの中には $\frac{2}{5}$ m
（□が2こ分）が
いくつ入る？

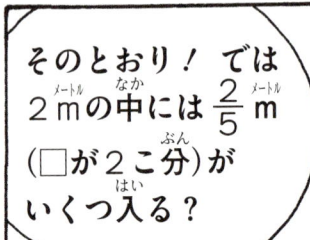
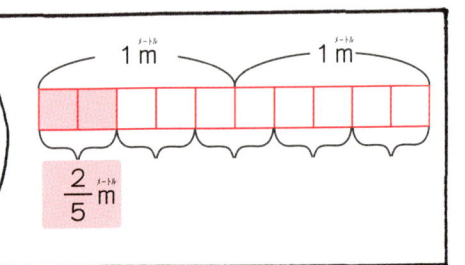

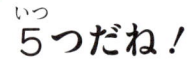

5つだね！

そうじゃよ だから
2mのマフラーを
1日 $\frac{2}{5}$ mずつ あむと
5日間であみおわる
ということがわかるね

これを式であらわすと

$$2 \div \frac{2}{5} = 2 \times \frac{5}{2} = \frac{\overset{1}{2} \times 5}{\underset{1}{2}} = 5$$

そっか 逆数にする
のは÷の記号の後ろの
ほうの数だったんだ

だから2mのマフラーを
1日 $\frac{2}{5}$ mずつあむと
5日間になるんだね

そういう
こと

まる子が 110 ページで出した式

$$2 \div \frac{2}{5} = \frac{1}{2} \times \frac{2}{5} = \frac{2}{2 \times 5} = \frac{1}{5}$$

正しい式

$$2 \div \frac{2}{5} = 2 \times \frac{5}{2} = \frac{2 \times 5}{2} = 5 \quad ◯$$

答え 5日間

きちんと逆数にして計算すれば かんたんにとけるんだね

そうよ

じゃあ こんなのはどう？

式 $8 \div \frac{3}{5}$

えっ 8mのマフラーを作るの？

ばかね ただの計算問題よ

なーんだ

$\div \frac{3}{5}$ を $\times \frac{5}{3}$ にすれば いいんでしょ

かんたん かんたん

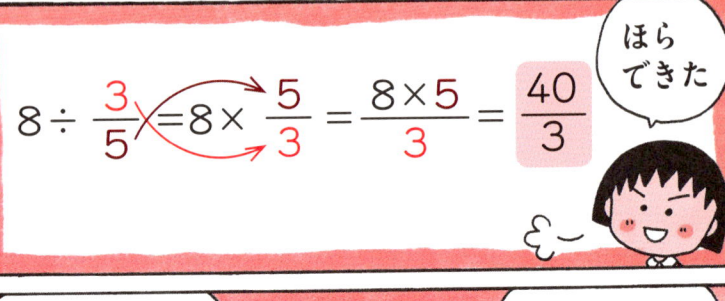

ここまでのまとめとポイント 8

分数 × 分数

分数に分数をかける計算は、分母どうし、分子どうしをかけて計算します。

$$\frac{\triangle}{\bigcirc} \times \frac{\square}{\star} = \frac{\triangle \times \square}{\bigcirc \times \star}$$

かけ算は通分する必要はないんじゃ

例 $\dfrac{2}{5} \times \dfrac{2}{3} = \dfrac{2 \times 2}{5 \times 3} = \dfrac{4}{15}$

たし算やひき算とはちがうね

ポイント 帯分数は、仮分数になおして計算します。

例

$$\frac{4}{5} \times 1\frac{3}{8} = \frac{4}{5} \times \frac{11}{8} = \frac{\overset{1}{\cancel{4}}}{5} \times \frac{11}{\underset{2}{\cancel{8}}} = \frac{1 \times 11}{5 \times 2} = \frac{11}{10} = 1\frac{1}{10}$$

$1\dfrac{3}{8}$ を仮分数にする　　約分する

分数 ÷ 分数

分数÷分数の計算は、わる数（÷の記号の後ろの分数）の分母と分子を入れかえて、かけ算します。入れかえた数字を「逆数」といいます。

$$\frac{\triangle}{\bigcirc} \div \frac{\square}{\star} = \frac{\triangle \times \star}{\bigcirc \times \square}$$

逆数をかける

ポイント 「逆数」は分母と分子を入れかえた数じゃよ

例 $\dfrac{1}{4} \div \dfrac{2}{3} = \dfrac{1}{4} \times \dfrac{3}{2} = \dfrac{1 \times 3}{4 \times 2} = \dfrac{3}{8}$

分数のかけ算・わり算のポイント

> 分数のかけ算とわり算のやりかたのまとめだよ
> これをおぼえてしまえば、らくなんだって！

かけ算

$$\frac{\triangle}{\bigcirc} \times \square = \frac{\triangle \times \square}{\bigcirc}$$

$$\triangle \times \frac{\square}{\bigcirc} = \frac{\triangle \times \square}{\bigcirc}$$

$$\frac{\triangle}{\bigcirc} \times \frac{\square}{\stackrel{\star}{}} = \frac{\triangle \times \square}{\bigcirc \times \stackrel{\star}{}}$$

わり算

$$\frac{\triangle}{\bigcirc} \div \square = \frac{\triangle}{\bigcirc \times \square}$$

$$\square \div \frac{\triangle}{\bigcirc} = \square \times \frac{\bigcirc}{\triangle} = \frac{\square \times \bigcirc}{\triangle}$$

$$\frac{\triangle}{\bigcirc} \div \frac{\square}{\stackrel{\star}{}} = \frac{\triangle}{\bigcirc} \times \frac{\stackrel{\star}{}}{\square} = \frac{\triangle \times \stackrel{\star}{}}{\bigcirc \times \square}$$

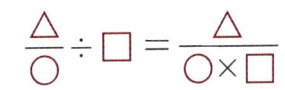

••••• おぼえておくと役立つ 算数 まめちしき •••••

漢字一文字であらわすと

たし算の答え = **和**	ひき算の答え = **差**
かけ算の答え = **積**	わり算の答え = **商**

> わり算の、わられる数とわる数に同じ数をかけても、出る答えは変わらない

◆◆◆ 分数の歴史は古い！ ◆◆◆

紀元前1650年ごろの古代エジプトで、分数を使った計算方法を書いたアーメスという書記官がいました。アーメスが書きのこした分数や数式は、「アーメスのパピルス」とよばれています。「パピルス」は、植物で作られた紙のようなものです。

また、古代ギリシアや古代ローマでも、生活に分数が使われていたそう。こんなに古くから、分数は使われていたんですね。

わくわく クイズ ①

1つの島に2つずつ分数がのっているよ。2つの分数のうち、大きいほうを選んで進もう。まる子が最後にたどりつくのは、だれがいる島かな?

☆クイズの答えは 189 ページを見てね。

★クイズの答えは 189 ページを見てね。

小数ってなあに？

特売で安かったのよ

わーいジュースだ

ジュース

1.5 L

あれ？これなんて読むの？

「1てん5リットル」って読むのよ

いってんごりっとる？

1.5 L

この点はなに？

これは「小数点」っていうのよ

小数点？

点がつくとどうなるのさ

点がついた数のことを
小数 といって
1より小さい数を
あらわせるのよ

1より小さい数を？
それはすごいね

ただいまー

あら
おかえり

お姉ちゃん
おかえり

なんだか寒気が
するんだ

あら たいへん
熱はかり
ましょう

36.5度
熱はないわね

お姉ちゃん
36.5ってどんな
数なの？

36と37の間の
ちょうど真ん中
の数よ

え…
どういう
こと??

わしが絵にかいて
説明するわい

まずジュースの話からじゃ

ここが 1L（リットル）

1.5L（リットル）のジュース

1.5
1
0.5
0.1
0

1L（リットル）を10等分したうちの1こ分を「0.1L（リットル）」と書いて「れいてん1リットル」と読むんじゃ

もしかして それが 5こ あつまると 0.5L（リットル）ってこと？

天才（てんさい）じゃまる子（こ）!!

1.5L（リットル）は 1L（リットル）と それより小さい（ちいさい） 0.5L（リットル）を合わせた（あわせた）ものってことじゃよ

じゃあ さっきの体温計（たいおんけい）は 36.5度（ど）だったから…

36度（ど）よりも 0.5度（ど）だけ 高い（たかい）温度（おんど）ってことよ

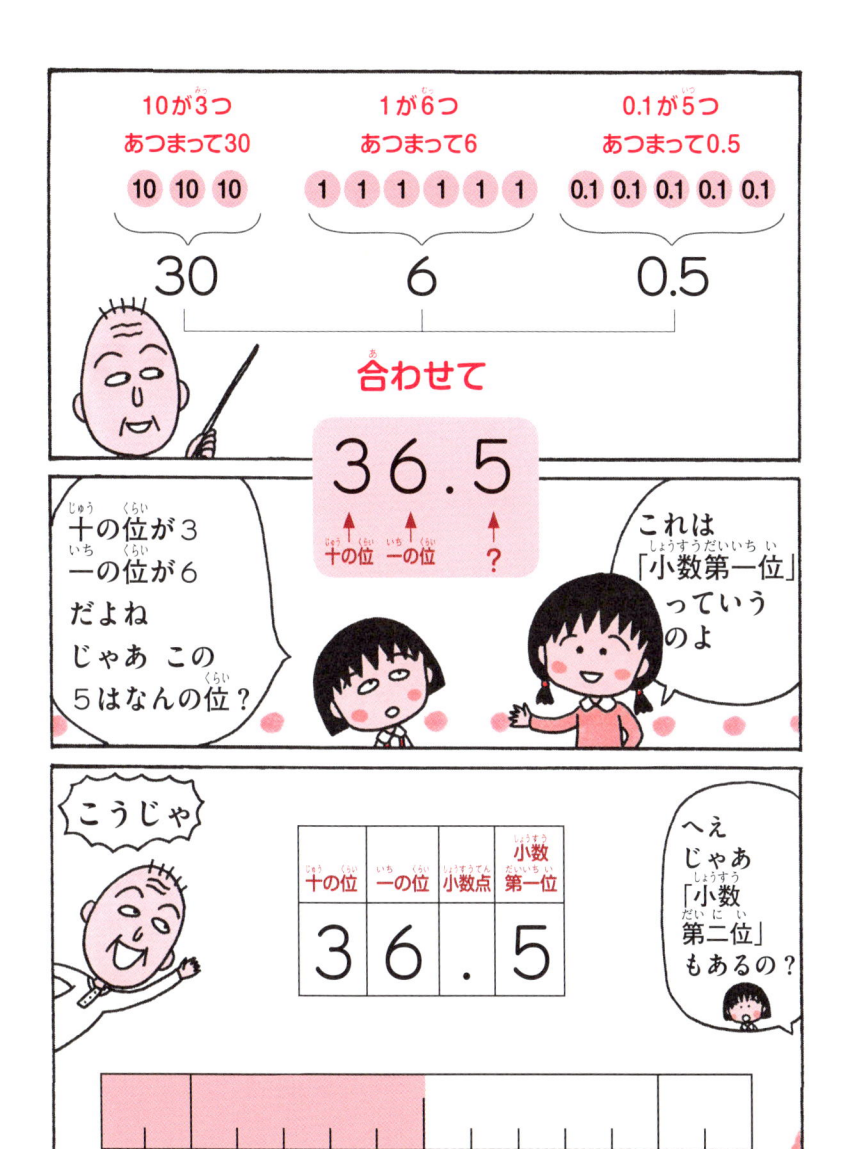

あるわよ
1を10等分したうちの
1つが0.1よね

1
0.1

さらにこの0.1を
10等分にした
数が0.01
「れいてんれいいち」
じゃ

これが小数第二位
までの数なのよ

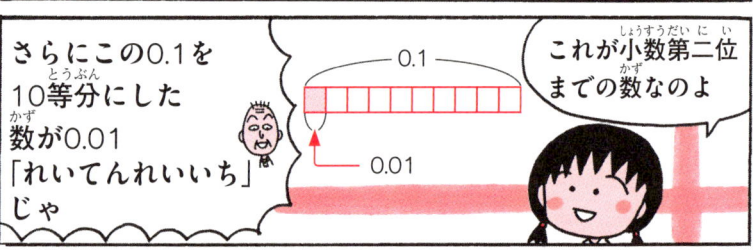

0.1
0.01

小数は
どんどん
小さくでき
るのよ

一の位		小数第一位	小数第二位	小数第三位
れい 0	てん ．	いち 1		
れい 0	てん ．	れい 0	いち 1	
れい 0	てん ．	れい 0	れい 0	いち 1

10分の1

さらに
10分の1

小数第一位 → $\frac{1}{10}$ の位
小数第二位 → $\frac{1}{100}$ の位
小数第三位 → $\frac{1}{1000}$ の位

というよびかたもするのよ

0.001って「れい」が
たくさんついて
いるからすごく
小さい数って
感じだね

ここまでのまとめとポイント ⑨

小数とは

- 小数を使うと、1より小さい数をあらわすことができます。
  (0.3, 0.75 など)

- 整数と整数の間の数も、あらわすことができます。**(1.2, 1.55 など)**

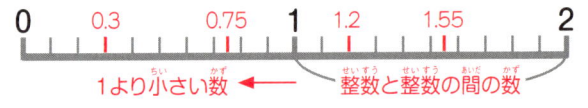

1より小さい数 ←　整数と整数の間の数

小数のあらわしかた

- 1を10等分した1つ分は、
  0.1と書いて「れい点いち」と読みます。

- 「.」のことを、小数点といいます。

「等分」は同じ
大きさに分ける
ことじゃったね

1L

1Lを10等分した
1つ分のかさを0.1Lという

1を　　10等分した1つ分	- - - ▶	0.1
1を　100等分した1つ分	- - - ▶	0.01
1を1000等分した1つ分	- - - ▶	0.001

さん	てん	ご	はち	よん
3	．	5	8	4
一の位	小数点	小数第一位	小数第二位	小数第三位
		$\frac{1}{10}$ の位	$\frac{1}{100}$ の位	$\frac{1}{1000}$ の位

ポイント

小数点から下（右）の
数字は「五八四」と読
むの。「五百八十四」
では、ないのよ。

小数 ② 小数のしくみ

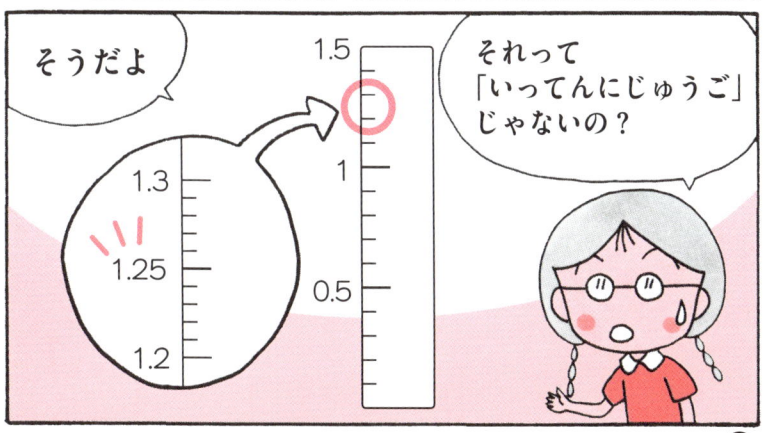

小数点より
右の数は
「じゅう」とか
「ひゃく」を
つけないで
読むんだよ

まるちゃん
すごーい

1.25m

「いってんにごめーとる」は
こう書くんだよ

点の位置は
2と5の間じゃ
だめなの？

あれ
城ヶ崎さん

2と5の間に
点をつけると
単位がメートル
だから12.5mの
ひまわりに
なるという
ことよ

12.5mの
ひまわりっ
でかいっ

説明
するわね

1.25 は

1	が	1つ
0.1	が	2つ
0.01	が	5つ

があつまった数

12.5 は

10	が	1つ
1	が	2つ
0.1	が	5つ

があつまった数

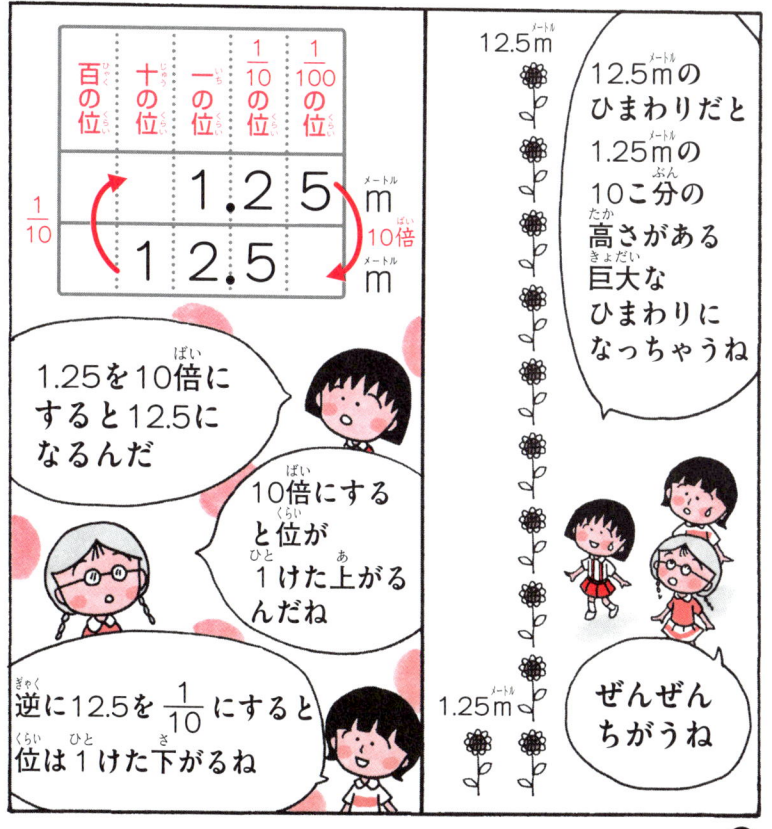

よく見て
小数を10倍に
すると小数点が
右へ1つずれるのよ

$$1.25 \longrightarrow 12.5$$

$\frac{1}{10}$ にすると
どうなる？

もしかして！
$\frac{1}{10}$ にすると逆に
左へ1つずれるの？

そう！ よく気づいたわね
1.25を $\frac{1}{10}$ にすると
小数点が1つ左にずれて
0.125になるの

例　0.01を10倍にする　→　0.01　→　0.1
1こ右へ

0.01を $\frac{1}{10}$ にする　→　0.01　→　0.001
1こ左へ

こういう
ことね

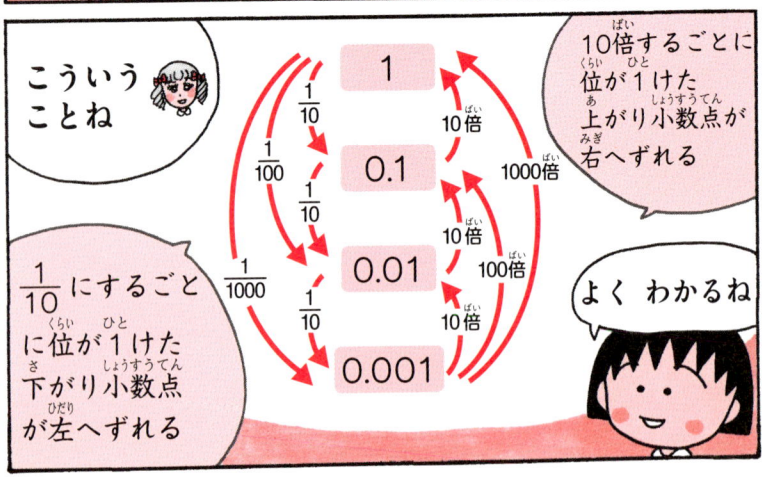

10倍するごとに
位が1けた
上がり小数点が
右へずれる

$\frac{1}{10}$ にするごと
に位が1けた
下がり小数点
が左へずれる

よく わかるね

でも1.25m（メートル）の
ひまわりと
いっても ピンと
こないよね

「1m（メートル）」はわかる
けど「0.1m（メートル）」
とか「0.01m（メートル）」が
よくわからない

なんcm（センチメートル）なん
だろうね？

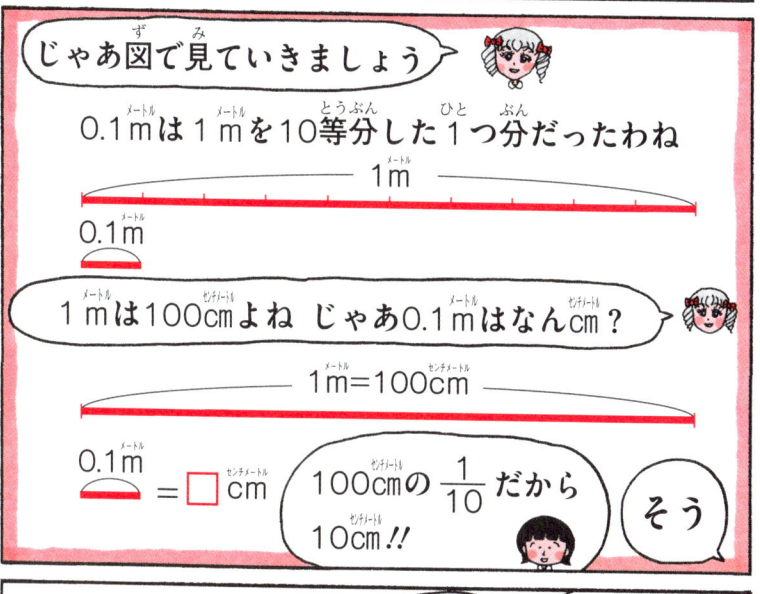

じゃあ図（ず）で見（み）ていきましょう

0.1m（メートル）は 1m（メートル）を10等分（とうぶん）した 1つ分（ぶん）だったわね

1m

0.1m（メートル）

1m（メートル）は100cm（センチメートル）よね じゃあ0.1m（メートル）はなんcm（センチメートル）？

1m＝100cm

0.1m（メートル） ＝ □ cm（センチメートル）

100cm（センチメートル）の $\frac{1}{10}$ だから
10cm（センチメートル）!!

そう

0.1m（メートル）＝10cm（センチメートル）

0.1m（メートル）は
10cm（センチメートル）かー

それなら
わかるよ
この長（なが）さだよね

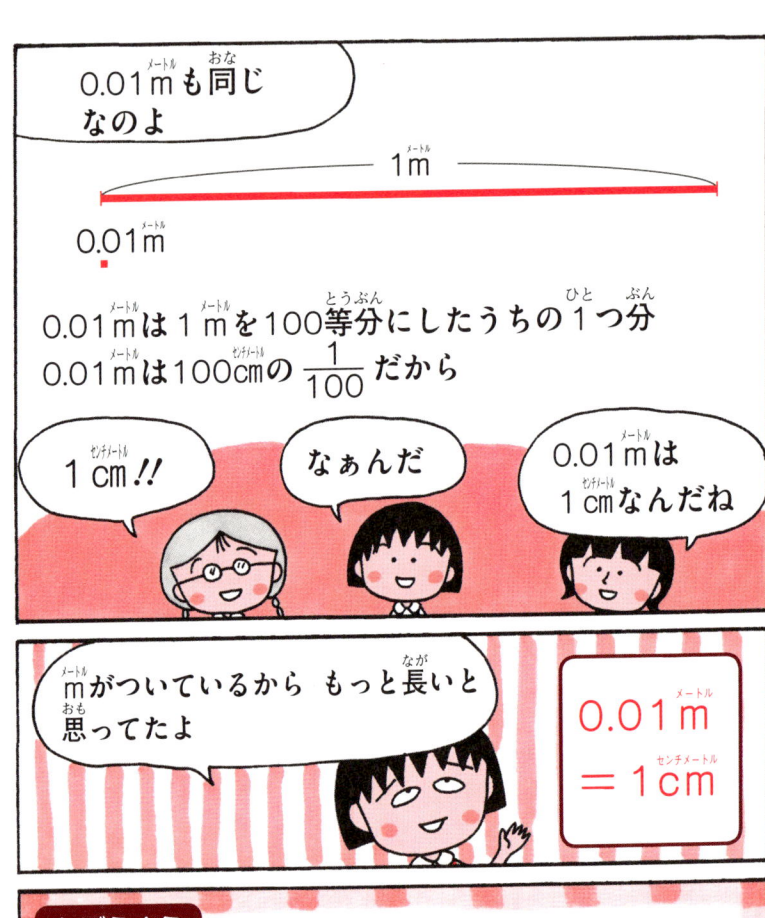

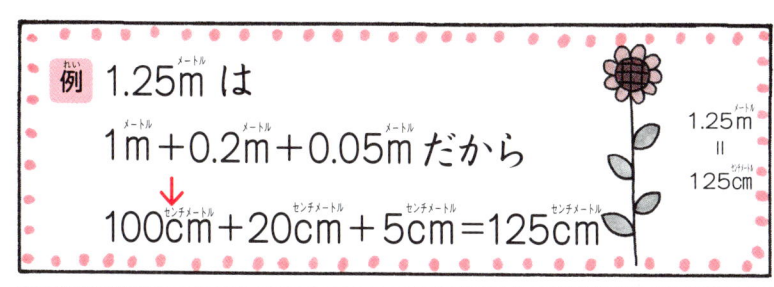

例 1.25m は

1m＋0.2m＋0.05m だから

100cm＋20cm＋5cm＝125cm

1.25m
＝
125cm

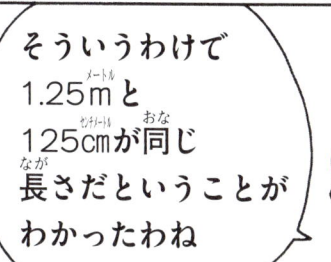

そういうわけで
1.25m と
125cmが同じ
長さだということが
わかったわね

1.25m ＝ 125cm

うん

重さや容積（かさ）も同じことが いえるのよ

1000 g ＝1 kg
100 g ＝0.1 kg
10 g ＝0.01 kg
1 g ＝0.001 kg

10dL＝1L
1dL＝0.1L

1L

1dL

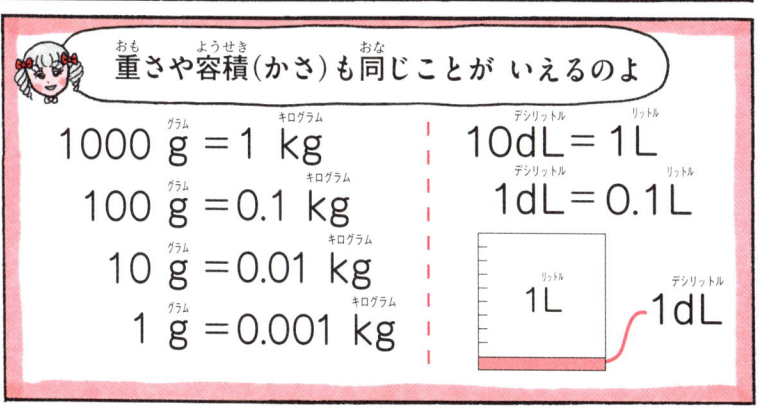

あれ？
このひまわり
さっきより
高くなっている

え

ひまわりの生長と
ともにまる子たち
も 1つ成長
したのである

ここまでのまとめとポイント 10

小数のしくみ（しょうすう）

3.657 は、

$$\begin{cases} 1 & が3つ \\ 0.1 & が6つ \\ 0.01 & が5つ \\ 0.001 & が7つ \end{cases}$$

あつまった数です。

小数の位（しょうすうくらい）

小数（しょうすう）も、整数（せいすう）と同（おな）じように、10倍（ばい）するごとに位（くらい）が1つ（ひと）ずつ上（あ）がり、$\frac{1}{10}$ にするごとに位（くらい）が1つ（ひと）ずつ下（さ）がります。

1	
0.1	
0.01	
0.001	

$\frac{1}{10}$　$\frac{1}{100}$　$\frac{1}{1000}$　10倍（ばい）　100倍（ばい）　1000倍（ばい）

小数点（しょうすうてん）の位置（いち）1つ（ひと）でぜんぜん ちがう数字（すうじ）になっちゃうのね

気（き）をつけたいわね

位（くらい）が上（あ）がるごとに小数点（しょうすうてん）が右（みぎ）へうつり、
位（くらい）が下（さ）がるごとに小数点（しょうすうてん）が左（ひだり）へうつります。

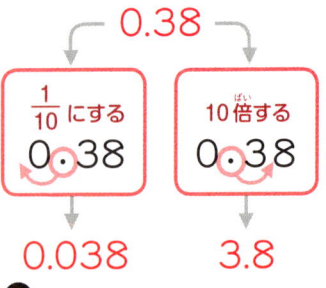

0.38

$\frac{1}{10}$ にする
0.38 → 0.038

10倍（ばい）する
0.38 → 3.8

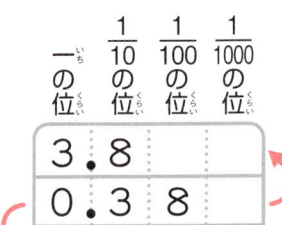

一（いち）の位（くらい）	$\frac{1}{10}$の位（くらい）	$\frac{1}{100}$の位（くらい）	$\frac{1}{1000}$の位（くらい）
3 . 8			
0 . 3	8		
0 . 0	3	8	

10倍（ばい）

$\frac{1}{10}$

③ 小数のたし算（1）

図工の時間

まるちゃん
ねんどでなにを
作るの？

まる子は動物に
しようと思って
いるんだ

おい さくら
ねんどあまって
ないか？

なんで？

オレ でっかい
きょうりゅうを
作りたいん
だよ

ガオ〜

みんなから少しずつ
もらって 1.5kgも
あつめたんだぜ

すごい
ね

じゃあ まる子も
少し はまじに
あげるよ

おっ サンキュー
このはかりに
のせてくれ

0.3kgだな

1.5kgと0.3kgを合わせると……

たし算だな

$$\begin{array}{r} 1.5 \\ + 0.3 \\ \hline 18 \end{array}$$

答えは18kg!!

不正解です!!
小数点をおわすれでしょう!!

ビク

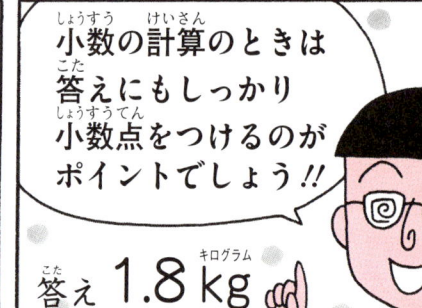

小数の計算のときは
答えにもしっかり
小数点をつけるのが
ポイントでしょう!!

答え 1.8kg

3kgと0.3kgを合わせたら？

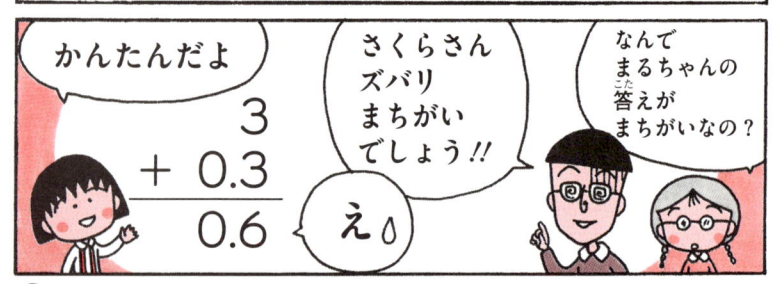

かんたんだよ

$$\begin{array}{r} 3 \\ + 0.3 \\ \hline 0.6 \end{array}$$

さくらさん
ズバリ
まちがい
でしょう!!

え。

なんで
まるちゃんの
答えが
まちがいなの？

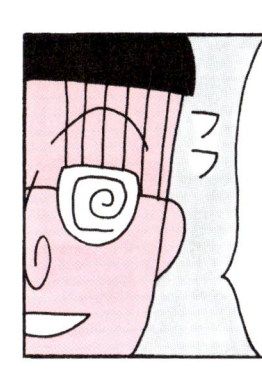

小数点の位置には位をはっきりさせるための大切な役割があるでしょう

0.3→0.1が3こ
3.0→1.0が3こ

小数点の位置1つで大きさが変わるんだね

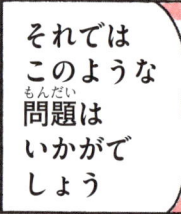

それではこのような問題はいかがでしょう

体重27kgの人が1.4kgの服を着ると合わせてなんkgになる?

式は27＋1.4かな…

えーとまず27の小数点は……

27の小数点
↓
27.0

$$
\begin{array}{r}
27.0 \\
+\ 1.4 \\
\hline
28.4
\end{array}
$$

答え
28.4kg

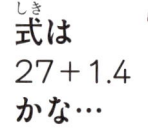

こうかな

こうだよね

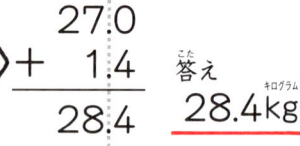

ズバリ正解です

138

なんだか
だんだん
わかって
きたね

うん

それでは もう少し
数を大きくして
みましょう

身長133.8㎝の児童が1年に5.2㎝
のびました なん㎝になったでしょう

まず小数点を
そろえるんだね

$$
\begin{array}{r}
133.8 \\
+\ \ 5.2 \\
\hline
139.0
\end{array}
$$

計算した数が
ふえても
案外かんたん
だね

あれ？
まるちゃん
小数点の
後の数字

139.0

あっ「0」だね
このままで
いいのかね

ズバリ
よいところに
気づきましたね

小数点より右の
数字が「0」だけの
場合 ズバリ
「0」を消すべき
でしょう!!

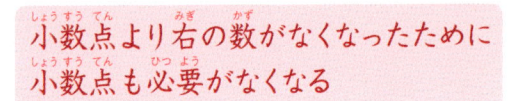

小数点より右の数がなくなったために
小数点も必要がなくなる

139.0 → 139 答え 139cm

なるほど
ねー

おーい
さくら できたぞ

見てくれ
けっさく
だろ？

う……
うん

この作品のために
貴重なねんどを分けあたえたかと考えると
やりきれない思いの まる子であった

4 小数のたし算 (2)

まるちゃん
小数のたし算まで
できるように なって
よかった
ね

うん こわい
ものなしって
感じだよ

なんだい
きみたち
小数の計算
かい?

花輪クン

ほら
かんたんに
とけるよ

おや?

ベイビー きみたちは
小数第一位までの
計算しかできない
ようだね

えっ まだ
あるの?

ベイビー 小数は
無限にひろがって
いくんだよ…

きみたちに小数第二位のたし算を教えるよ

ヒデじいの運転する車でキャンプに行くことにしよう

キャンプ向きの車じゃないね

家からもうどれくらいの道のりを走ったのかな？

メーターによれば23.1kmですね

あっ かんばんがあるよ

キャンプ場 2.45km

キャンプ場まで2.45kmだって

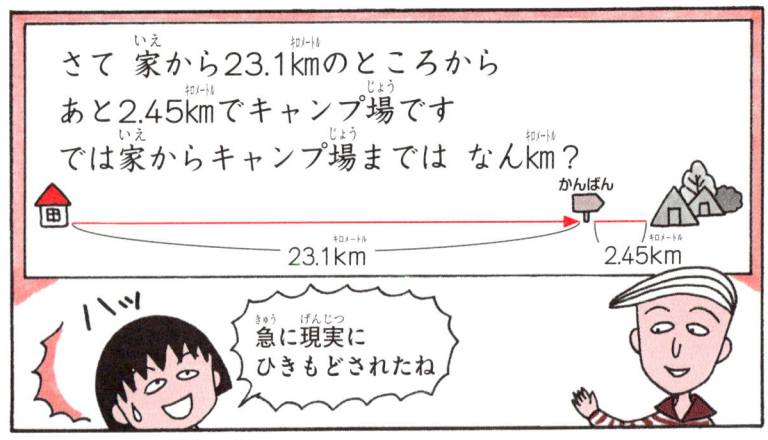

さて 家から23.1kmのところから
あと2.45kmでキャンプ場です
では家からキャンプ場までは なんkm？

かんばん

23.1km

2.45km

ハッ

急に現実にひきもどされたね

式は23.1＋2.45
だよね

23.1
＋2.45
476

476km？

ベイビー
476km走ったら
宮城県ぐらいまで
行けちゃうよ

えっ 宮城!?

ずいぶん
遠いね

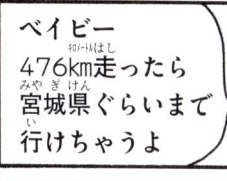

小数のたし算の基本は
「小数点をそろえる」

あっ
そうだった

23.1
＋ 2.45

この5
は どう
すれば
……

5の上には
なにもないから
「0」を書いて
計算するんだよ

23.10
＋ 2.45

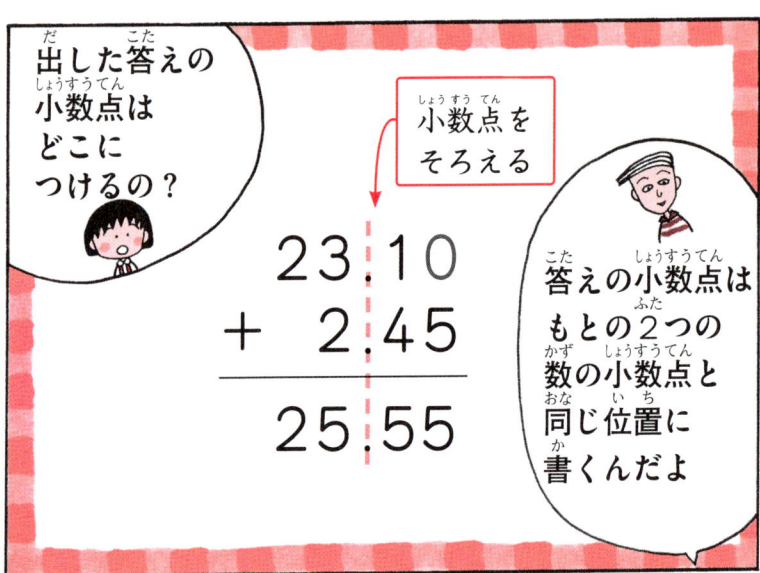

出した答えの
小数点は
どこに
つけるの？

小数点を
そろえる

$$23.10 + 2.45 = 25.55$$

答えの小数点は
もとの2つの
数の小数点と
同じ位置に
書くんだよ

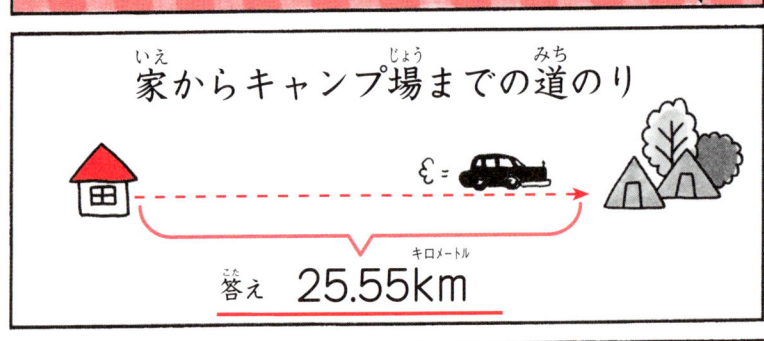

家からキャンプ場までの道のり

答え 25.55km

キャンプかあ
想像だけじゃ
なくて本当に
行きたくなっ
ちゃったよ

小数は さておき
キャンプのことで
頭がいっぱいの
まる子であった

小数 5 小数のひき算

キャンプのかわりにサイクリングに連れてきてもらったまる子たち

わあ いいけしき

空気も気持ちいいね

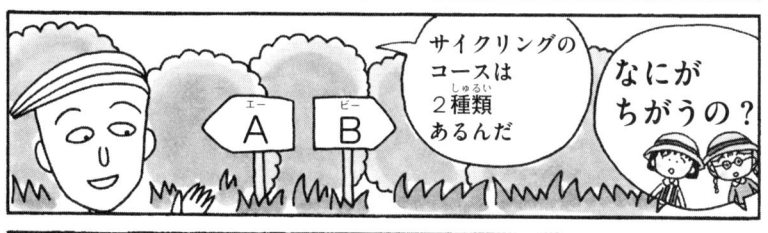

サイクリングのコースは2種類あるんだ

A B

なにがちがうの？

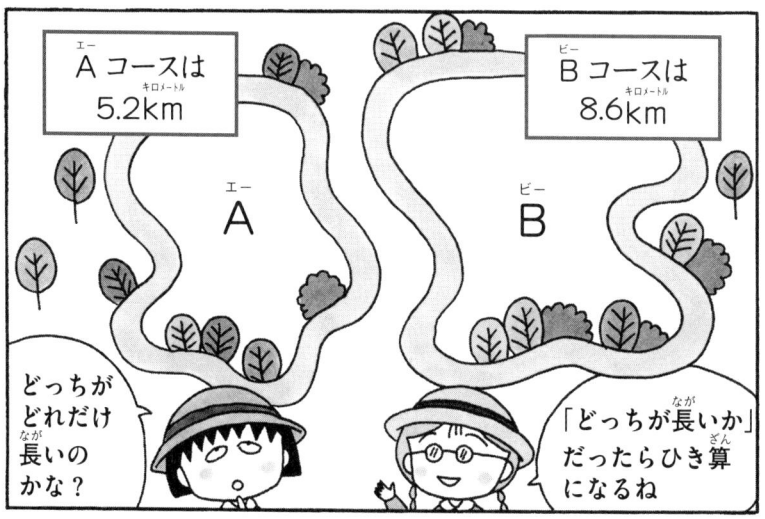

Aコースは5.2km

Bコースは8.6km

A

B

どっちがどれだけ長いのかな？

「どっちが長いか」だったらひき算になるね

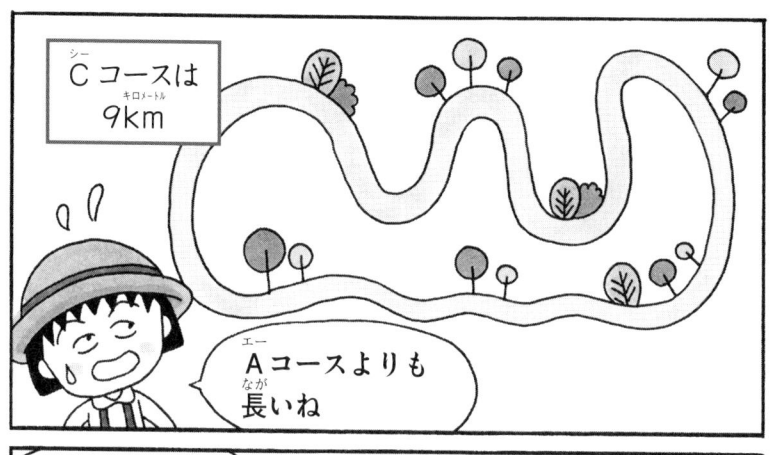

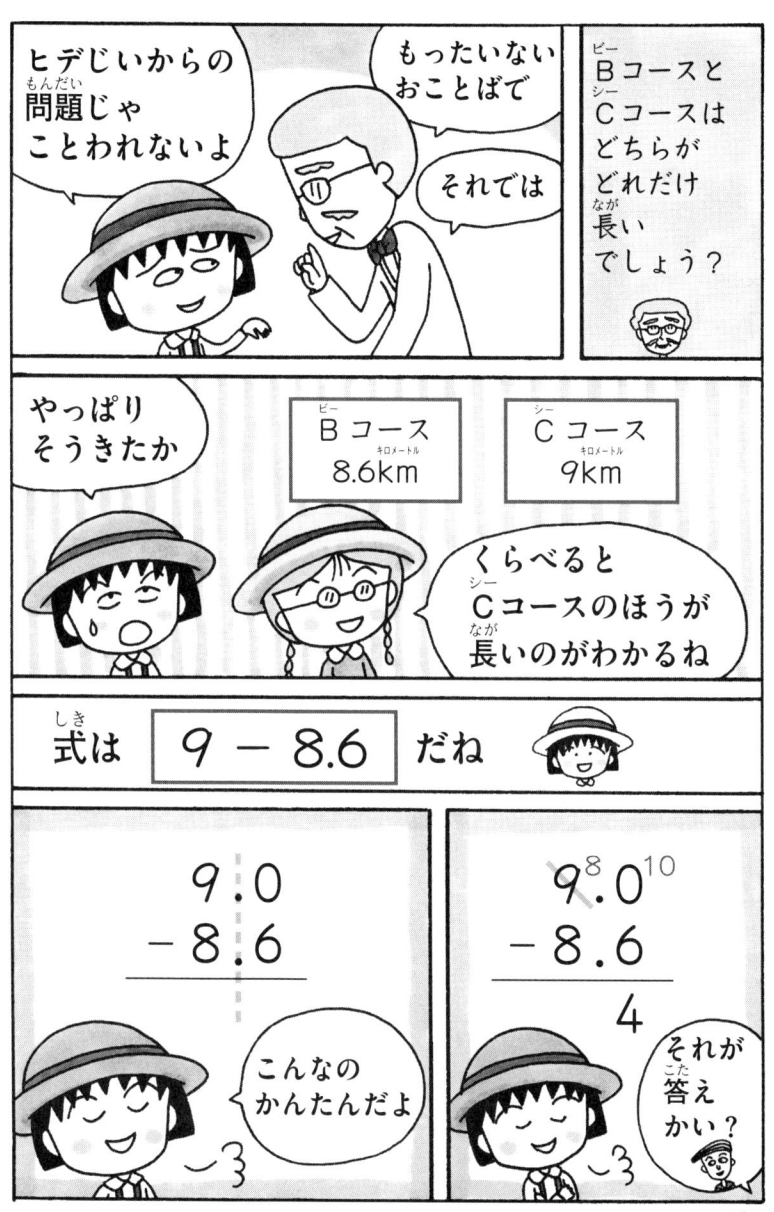

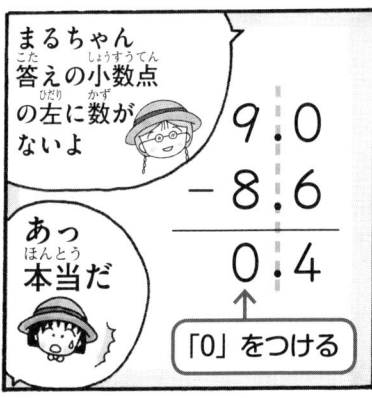

ここまでのまとめとポイント 11

小数のたし算とひき算

位を たてに
そろえて書くのが
大事なんだね

- 小数点をそろえて書く。
- 整数と同じように計算する。
- 上の小数点にそろえて、
  答えの小数点をうつ。

その
とおりさ
さくら
くん

例

$3+0.5$

$$
\begin{array}{r}
3.0 \\
+\ 0.5 \\
\hline
3.5
\end{array}
$$

3.0と考えて
計算する

$2.7+1.3$

$$
\begin{array}{r}
2.7 \\
+\ 1.3 \\
\hline
4.0
\end{array}
$$

小数点以下が
0のときは、
0を消す

上の小数点にそろえて答えの小数点をうつ

$9.1-8.6$

$$
\begin{array}{r}
9.1 \\
-\ 8.6 \\
\hline
0.5
\end{array}
$$

答えが1より小さ
いときは0を書い
て小数点をうつ

ポイント

整数の計算と同じよ
うに、くり上がり、く
り下がりに気を
つけましょう。

上の小数点にそろえて答えの小数点をうつ

夏バテ防止に
はちみつレモン
ジュースを
作りましょう

わーーい

これが
1人分の
分量よ

はちみつレモンジュース

＜1人前＞

はちみつ	…………	大さじ1
レモン	………	2分の1こ
水	………	0.2L

うちの家族は
6人だから…

6人分の分量は
1人分の量を
それぞれ6倍
すれば
いいんだよね

あら まる子
かしこいじゃない
じゃあ順番に
6をかけていきましょう

よし

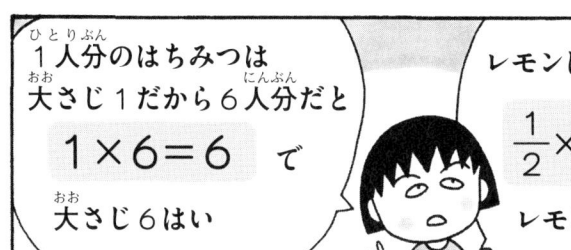
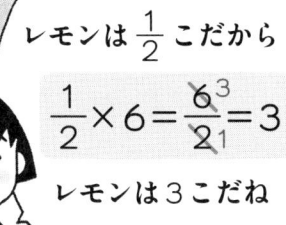

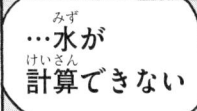

0.2 × 6 のひっ算のしかたを考えよう

小数 × 整数のかけ算のやりかた

①
$$
\begin{array}{r}
0.2 \\
\times\ \ 6 \\
\hline
\end{array}
$$

→ ②
$$
\begin{array}{r}
0.2 \\
\times\ \ 6 \\
\hline
1\ 2 \\
\end{array}
$$

→ ③
$$
\begin{array}{r}
0.2 \\
\times\ \ 6 \\
\hline
1.2 \\
\end{array}
$$

① かけられる数とかける数を右にそろえて書く。
② 小数点がないものとして整数のかけ算と同じように計算。
③ 答えの小数点は、かけられる数の小数点にそろえてうつ。

ということで必要な水は1.2Lだね

正解

あらやだ
はちみつが
ないわ

悪いけど
2人で
買ってきて
ちょうだい

いはーーーい

すみませーん
はちみつ
大さじ6はい分
ください

あっ
こら
まる子

あはは
はちみつ大さじ
6はい分という
売りかたは
していないんだ
よ

ばかね

このはちみつは
大さじ1ぱいあたり
5gだよ

大さじ6はい
分でいくつに
なるかな？

$$5g \times 大さじ6はい分 = 30g$$

おお すごいね
まるちゃん
算数がとくい
なんだね

それほど
でも…

よし まるちゃん
これから出す問題が
とけたら はちみつの
あめ玉をあげよう

えっ
ほんと!?

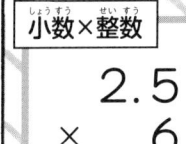

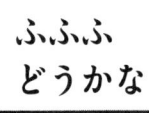

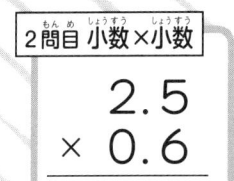

こうなったら
いちかばちかで

$$\begin{array}{r} 2.5 \\ \times\ 0.6 \\ \hline 1.50 \end{array}$$

答えは
1.5!!

すごいじゃ
ないか
正解だよ

え？
合ってたの？

まぐれね…

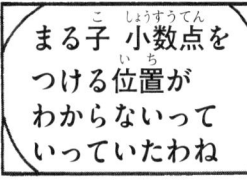

まる子 小数点を
つける位置が
わからないって
いっていたわね

うん
どこにつければ
いいのかよく
わからない

かんたんに
わかる方法が
あるのよ

えっ
ほんと？

ポイントは
式をよく
見ること

式？

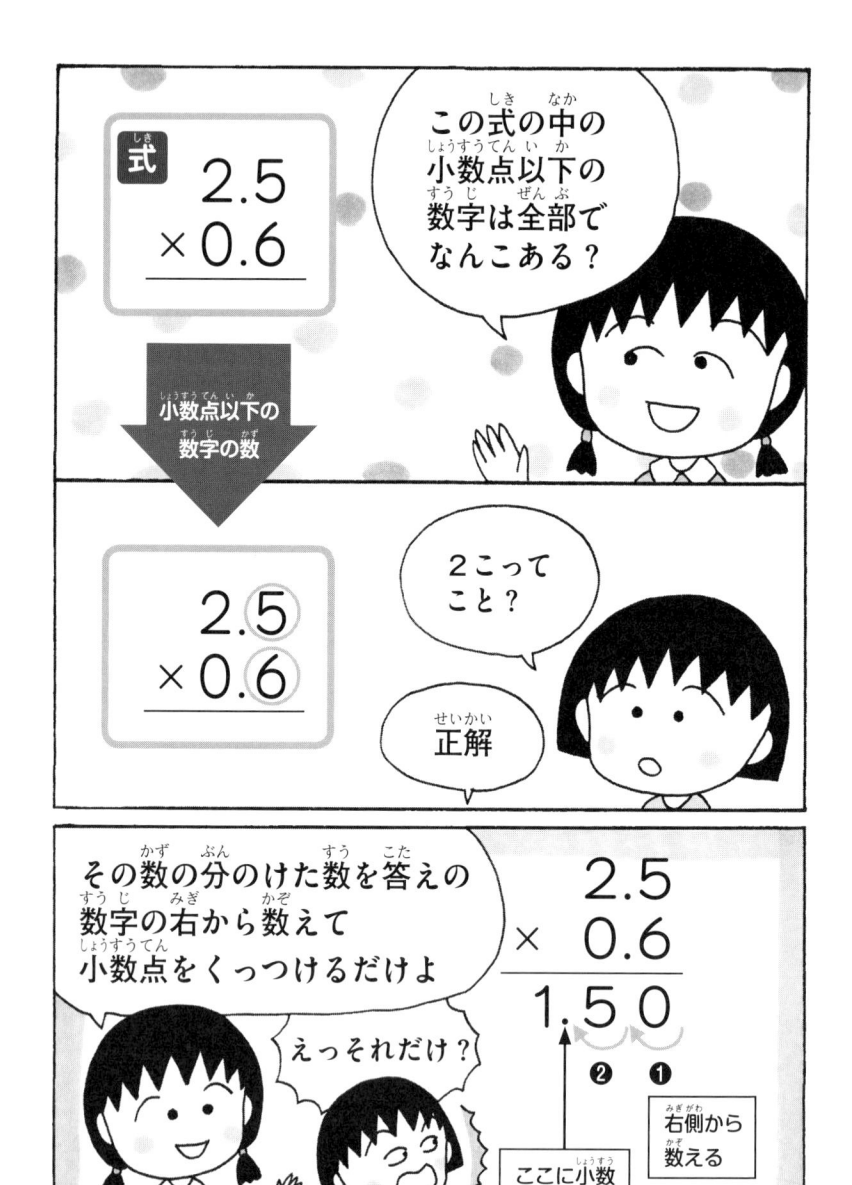

かんたんでしょ

うん

小数点のつけかたはわかったね

だけどなんでそこに小数点がつくかはわからない

1問目の式は 2.5×6 ＝15
2問目の式は 2.5×0.6 ＝1.5

式だけをくらべてごらん

2問目の式はかける数が6の $\frac{1}{10}$ 0.6になっているね

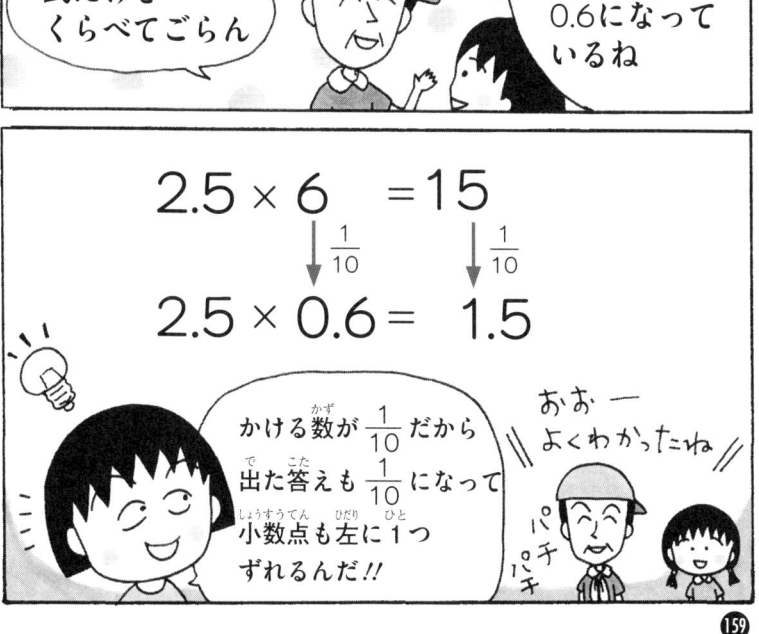

$$2.5 \times 6 = 15$$

$\downarrow \frac{1}{10}$　　　$\downarrow \frac{1}{10}$

$$2.5 \times 0.6 = 1.5$$

かける数が $\frac{1}{10}$ だから出た答えも $\frac{1}{10}$ になって小数点も左に1つずれるんだ!!

おおーよくわかったね

パチパチ

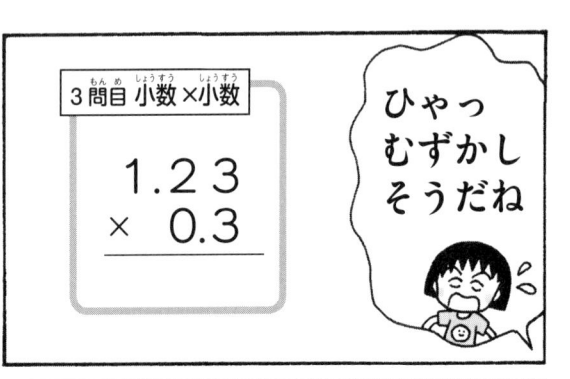

ここまでのまとめとポイント 12

小数のかけ算

① まず、小数点を考えずに、整数と同じように、計算します。
② 最後に、答えの小数点をうちます。

> **答えの小数点をうつ位置**
> かけられる数とかける数の、小数点より右のけた数の和（たした数）になる分だけ、右から数えてうちます。

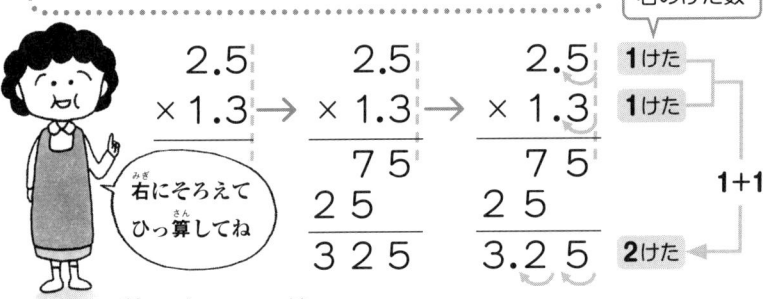

右にそろえて
ひっ算してね

小数点より右のけた数

$$\begin{array}{r} 2.5 \\ \times\ 1.3 \end{array}$$ → $$\begin{array}{r} 2.5 \\ \times\ 1.3 \\ \hline 7\,5 \\ 2\,5 \\ \hline 3\,2\,5 \end{array}$$ → $$\begin{array}{r} 2.5 \\ \times\ 1.3 \\ \hline 7\,5 \\ 2\,5 \\ \hline 3.2\,5 \end{array}$$

1けた
1けた
1+1
2けた

③ けた数が増えても同じです。

$$\begin{array}{r} 1.2\,3 \\ \times\ \ 0.3 \end{array}$$ → $$\begin{array}{r} 1.2\,3 \\ \times\ \ 0.3 \\ \hline 3\,6\,9 \end{array}$$

0.3 は 3 と考えて計算

$$\begin{array}{r} 1.2\,3 \\ \times\ \ 0.3 \\ \hline 0.3\,6\,9 \end{array}$$

2けた
1けた
2+1
3けた

答えが 1 より小さいときは 0 を書く

ポイント

小数のたし算やひき算では、位をそろえてひっ算しましたが、かけ算では、右にそろえて書いて計算します。

$$\begin{array}{r} 0.4 \\ +7 \end{array}$$ $$\begin{array}{r} 0.4 \\ \times\ 7 \end{array}$$

⑦ 小数÷小数のわり算

わあ
かわいいねえ

小さいね

あれ？
この水そう
8.75Lの水
が入るって
書いてあるね

このカップで水そうに
水を入れたらなんはい
分かな？

0.7L

カップは
0.7Lだって

0.7L

じゃあ
8.75÷0.7を
計算すれば
いいんだね

まるちゃん
すごいね

いやぁ
それほど
でも

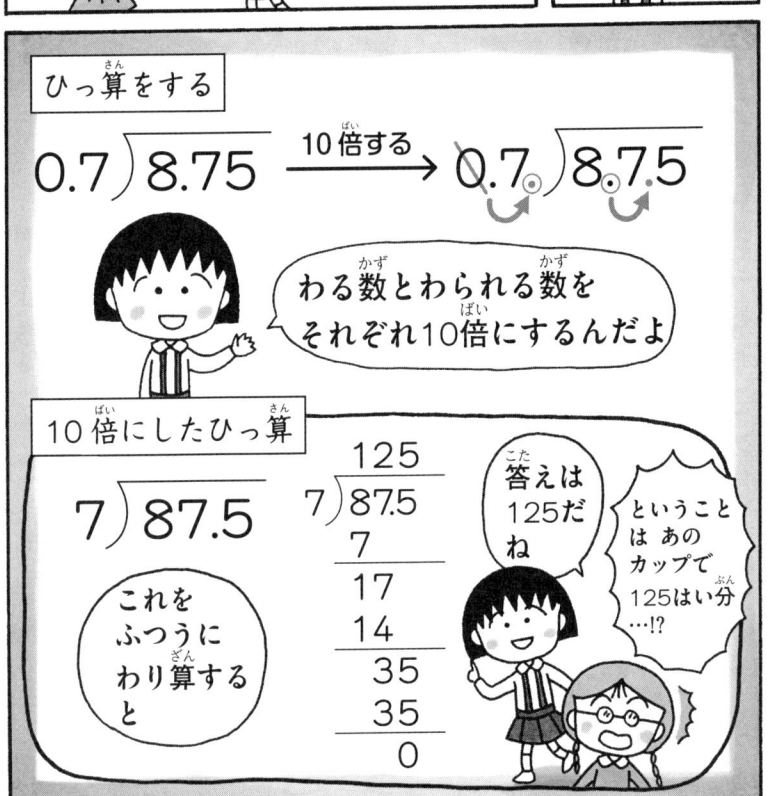

あれ？
でも125回も
水入れるの？

あっ
そうか

答えの小数点を
つけるのを
わすれていた!!

$$\begin{array}{r} 12.5 \\ 7\overline{\smash{)}87.5} \\ 7 \\ \hline 17 \\ 14 \\ \hline 3\,5 \\ 3\,5 \\ \hline 0 \end{array}$$

わられる数の
小数点にそろえて
答えの小数点をうつ

正しい
答えは125
じゃなくて
12.5だね

答え
12.5 はい

ということは
12はいと半分で
いっぱいになるって
ことだね

そういう
ことだね

さくらくん
なかなか
やるね

こんな問題はどうだい？

3.78L の水そうに 0.14L の容器で水を入れるとしたらなんはい分かな？

3.78L の
水そう

0.14Lの
容器
↓

数字がこまかくてむずかしそう

まるちゃんとける？

たぶんだいじょうぶだよ

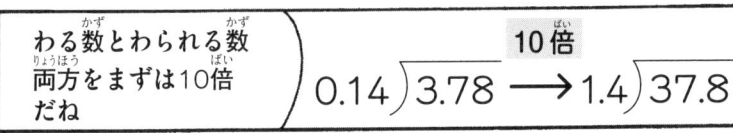

わる数とわられる数両方をまずは10倍だね

10倍

0.14) 3.78 ⟶ 1.4) 37.8

まるちゃん10倍してもわる数もわられる数も小数だね

あわわいったいどうしたら…

そんなときは100倍にすればいいのさ

わり算はわる数とわられる数を何倍にしても答えは変わらないんだよね

166

100倍にするから小数点を2こ右にずらすんだ

$0.14\overline{)3.78}$ → $14\overline{)378}$

100倍

10倍だと小数点を1こずらして

100倍だと2こずらすんだね

ということはこうなるね

$$14\overline{)378}$$
27
28
98
98
0

3.78÷0.14の答えは27だね

わる数を整数になるようにすることが答えを導くカギということさ

ということで答えは27はいだね

みんなも問題を出しあってやってみよう!!

本だなの材料を買いに来ているヒロシとまる子

長さ
1.8m

わあ お父さんより大きいね

おう この板は1.8mだな

ほんだな

まる子 こういう本だながいいな

よこに3まい板がいるな…

まる子画

板の長さは1.8mでたな板は3まいいるから3等分するか

1.8÷3で計算できるね！

おっ まる子やるじゃねえか

式はわかるけど計算はできないよ

小数のわり算だな

1.8÷3

オレにまかせとけ

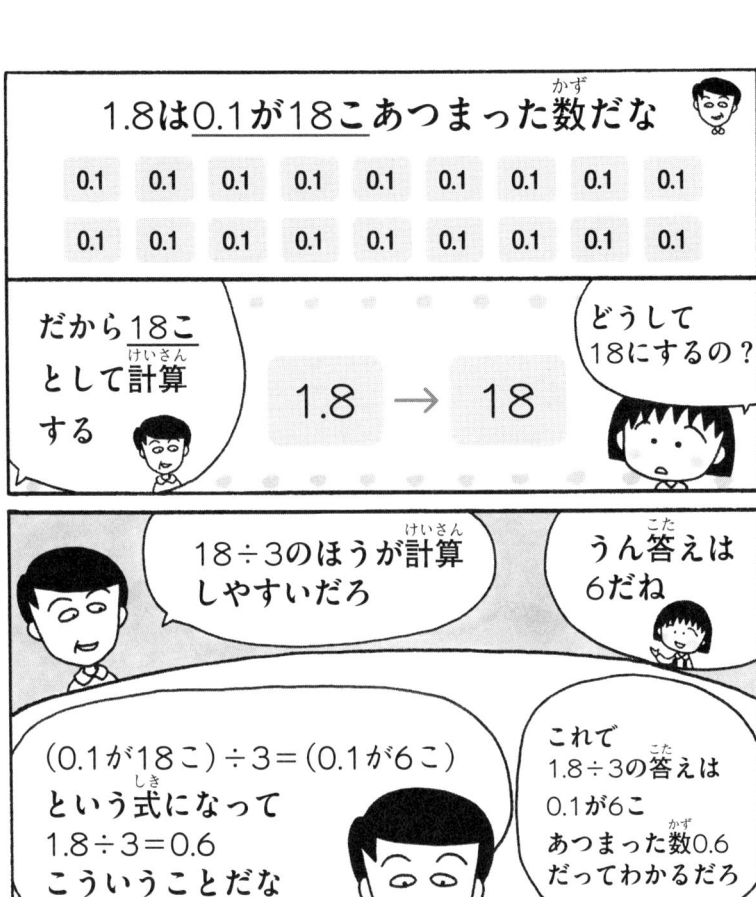

1.8は <u>0.1が18こ</u> あつまった数だな

| 0.1 | 0.1 | 0.1 | 0.1 | 0.1 | 0.1 | 0.1 | 0.1 | 0.1 |
| 0.1 | 0.1 | 0.1 | 0.1 | 0.1 | 0.1 | 0.1 | 0.1 | |

だから18こ
として計算
する

1.8 → 18

どうして
18にするの？

18÷3のほうが計算
しやすいだろ

うん答えは
6だね

（0.1が18こ）÷3＝（0.1が6こ）
という式になって
1.8÷3＝0.6
こういうことだな

これで
1.8÷3の答えは
0.1が6こ
あつまった数0.6
だってわかるだろ

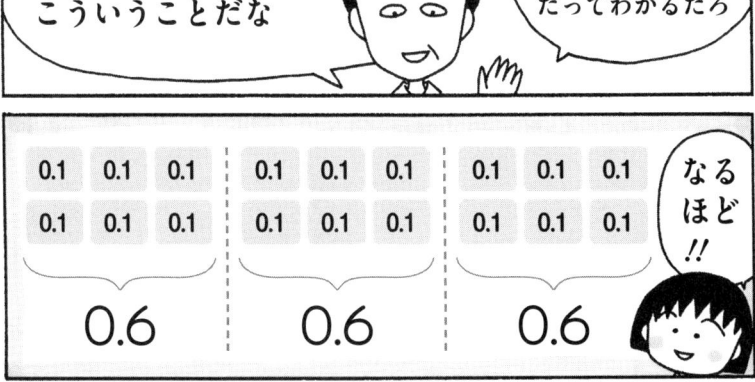

| 0.1 | 0.1 | 0.1 | 0.1 | 0.1 | 0.1 | 0.1 | 0.1 | 0.1 |
| 0.1 | 0.1 | 0.1 | 0.1 | 0.1 | 0.1 | 0.1 | 0.1 | 0.1 |

0.6　　0.6　　0.6

なる
ほど
!!

ということで
よこのはばは
0.6mって
いうことだな

0.6m

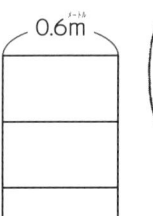

じゃあ
早く買って
帰ろう!!

ちょっと
待て
まる子!!

側面の板は
どうするんだ

側面 → ← 側面

あっ
わすれてた

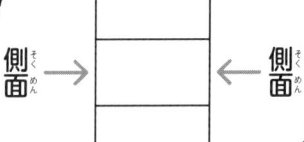

2まい
必要だな

1.8mの板を
もう1まい買って
2まいに切れば
いいんじゃない?

その場合の高さの式は
こうだな

1.8は0.1が18こ分
18を2でわると
9だから

$$1.8 \div 2$$

↓

$$18 \div 2 = 9$$

↓

$$1.8 \div 2 = 0.9$$

答え 0.9m

「0.1が9こ
分」と考えて
答えは
0.9だね!!

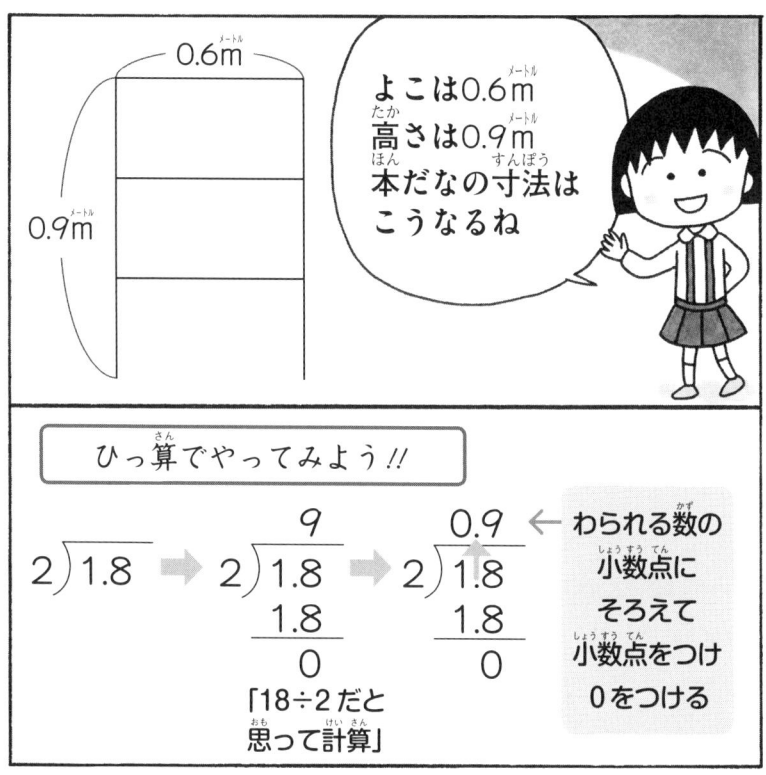

0.6m

0.9m

よこは0.6m
高さは0.9m
本だなの寸法は
こうなるね

ひっ算でやってみよう!!

$2)\overline{1.8}$ ➡ $2)\overline{1.8}$ （9、1.8、0） ➡ $2)\overline{1.8}$ （0.9、1.8、0）

「18÷2だと
思って計算」

← わられる数の
小数点に
そろえて
小数点をつけ
0をつける

ということで
1.8mの板を
2まい買って
いこう

あっ お父さん くぎ
買うのわすれてる

うら板も
買ってないな

おっちょこちょいの
2人であった──

できたぞ

わ——
お父さん
ありがとう

すごいね

ところで
この本だな
本はなん冊
しまえるかな

本の厚さは
バラバラだ
からわから
ないわよ

1.5cmの厚さの本
だったとして
考えてみようよ

いいわよ

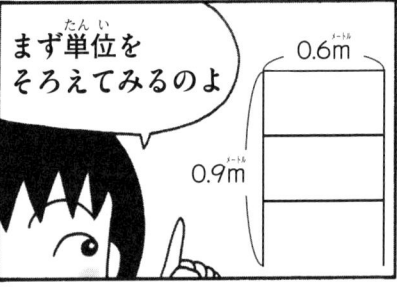

まず単位を
そろえてみるのよ

0.6m

0.9m

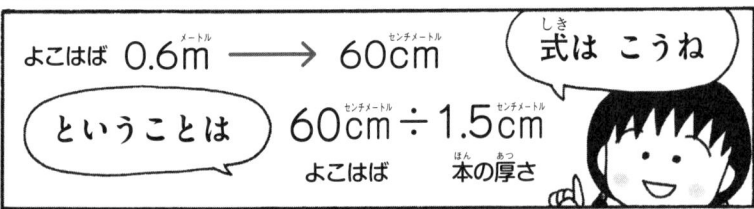

よこはば 0.6m —— 60cm

式は こうね

ということは

60cm ÷ 1.5cm
よこはば　　本の厚さ

60 ÷ 1.5？
小数で
わるわり算か…
できるかな…

じゃあまず
わり算の性質を
思い出してみるのよ

わり算の
性質？

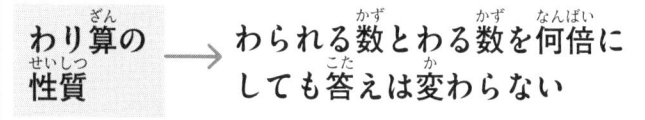

わり算の
性質　→　わられる数とわる数を何倍に
　　　　しても答えは変わらない

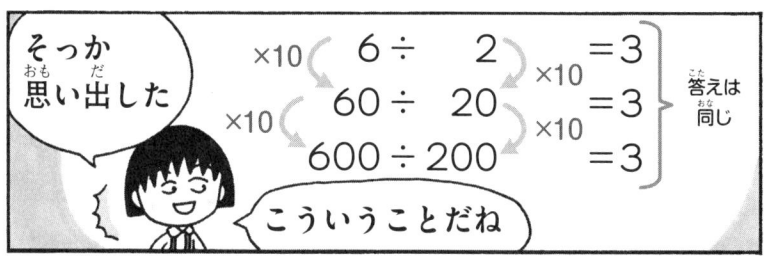

そっか
思い出した

×10　6 ÷ 2 ×10 ＝3
×10　60 ÷ 20 ×10 ＝3
　　600 ÷ 200 ＝3

答えは同じ

こういうことだね

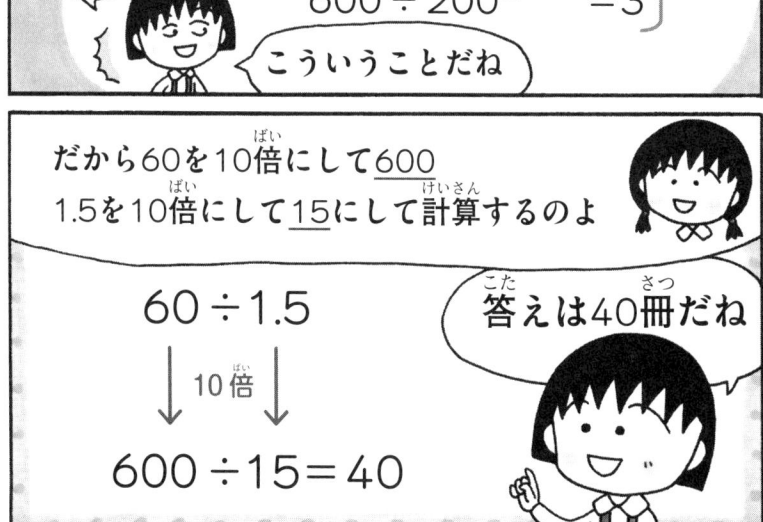

だから60を10倍にして600
1.5を10倍にして15にして計算するのよ

60 ÷ 1.5

↓ 10倍 ↓

600 ÷ 15 ＝ 40

答えは40冊だね

でもこの計算
いちいち10倍するのが
めんどうだね

ひっ算をすれば
らくにとけるわよ

まず わる数と
わられる数を
それぞれ10倍にして
小数点を1つずつ右に
ずらす

えっ 結局
10倍にするの？

10倍にするんだけど
小数点をずらすだけ
だから らくなのよ

$$1.5 \overline{)60} \rightarrow 1.5 \overline{)60.0}$$

小数点を右に1つずらす

あっ ほんとだ
かんたんだね

でしょ

$$15. \overline{)600.} \quad 40$$
$$\quad\quad\ 60$$
$$\quad\quad\ \ 0$$

答えは40で
わかったけれど
小数点は
どうするの？

小数点は
そのまま上に
ずらすのよ

$$\begin{array}{r} 40. \\ 15.\overline{)600} \\ 60 \\ \hline 0 \end{array}$$

上にずらす

小数÷小数の場合も基本は同じよ

なるほど

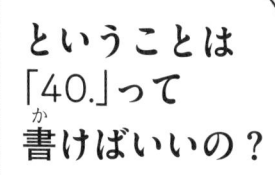

ということは「40.」って書けばいいの?

小数点以下の数字がない場合は小数点はいらないのよ

じゃあ40だね本が40冊しまえるということだね

そうね40冊も本ないけどね

1か月後

本だなはまる子のガラクタ入れとなっていたのであった

それだったら
8÷5で計算
すればいいん
だよ

ねえ まるちゃん
8mのひもを
5等分に
したいんだけど

もしくは $\frac{8}{5}$ mだね

分数だと1本あたり
がなんmか よく
わからないね

とりあえず
ひっ算して
みよう

$$5\overline{\smash{)}\begin{array}{r}1\\8\\5\\\hline 3\end{array}}$$

ということは
1あまり3
だね

その後も
わりつづければ
いいんだよ

えっ
どうやっ
て？

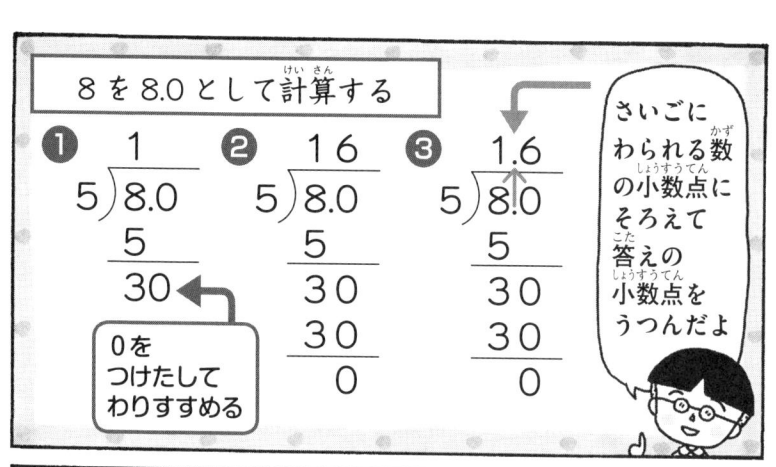

ここまでのまとめとポイント 13

小数のわり算

① 小数でわるわり算

わる数（÷の後）を10倍や100倍して、整数になおしてから、計算します。

ポイント

「わり算は、わられる数とわる数の両方に、同じ数をかけても、答えはすべて同じ」という性質を使うんだ。

例

$$3.2 \div 0.4 = \boxed{}$$

（10倍）（10倍）　等しい

$$32 \div 4 = 8$$

ひっ算すると…

$$0.4\,)\,3.2 \rightarrow 4\,)\,32$$

```
    8
4)32
  32
   0
```

答え　8

わる数の小数点を右にずらして整数になおし、わられる数の小数点も同じだけ、右にずらす。

② 小数÷整数

わる数が整数のときは、整数と同じように計算します。わられる数の小数点にそろえて、答えの小数点をうちます。

わられる数の小数点にそろえて、答えの小数点をうつ。

一の位に商はたたないので、一の位には、0を書く。

```
   0.4
7)2.8
  2 8
    0
```

答え 0.4

小数 ⑪ 小数と分数の関係

お姉ちゃんと2人でどちらかを飲みなさい

コーヒー牛乳　$\frac{4}{5}$ L

コーヒー牛乳　0.7 L

しめしめ
お姉ちゃんもいないことだし
量の多いほうをいただこうかね

$\frac{4}{5}$ L　　0.7 L

えー…と

うーん

どうしたんじゃまる子

このコーヒー牛乳どっちが量が多いかわからないんだよ

0.7 L

$\frac{4}{5}$ L

小数と分数でくらべているから わからないんじゃよ

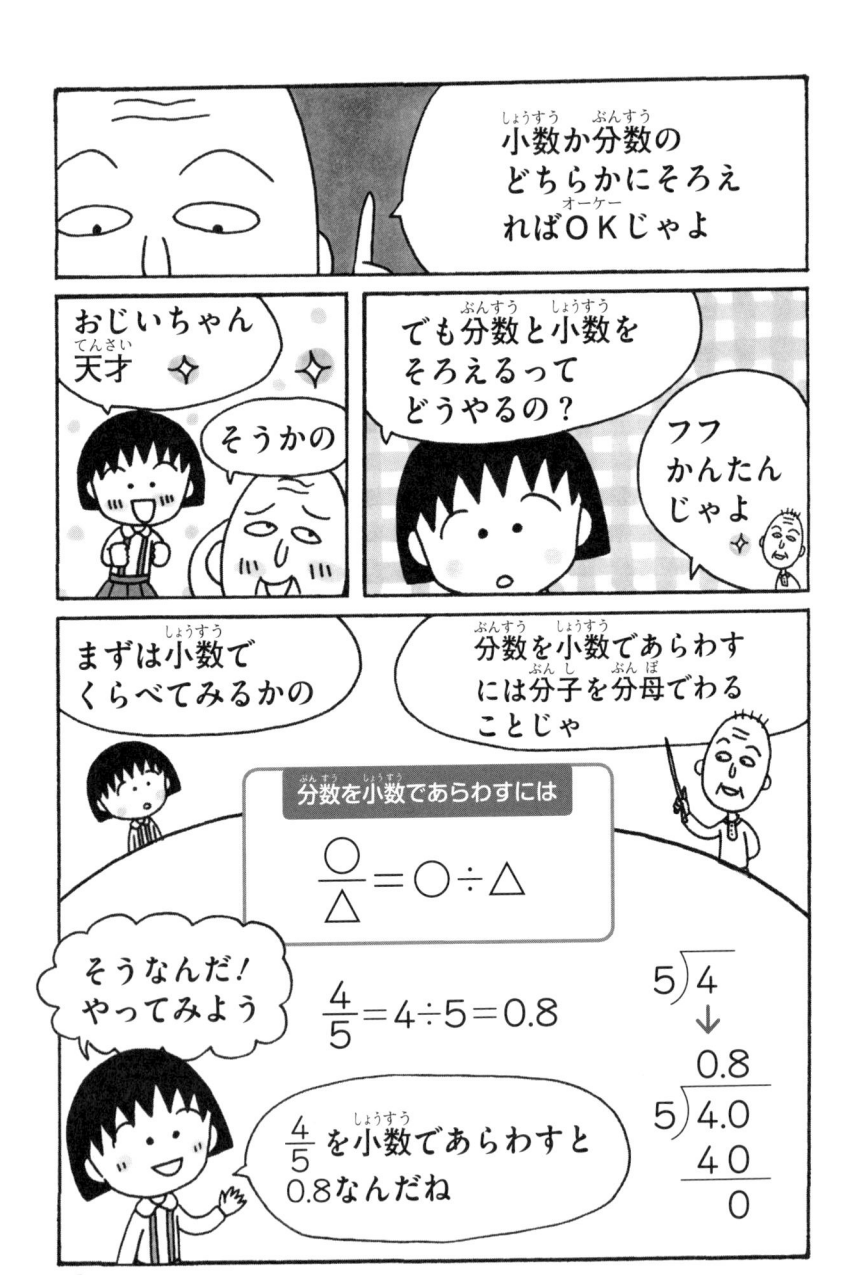

$$0.8 - 0.7 = 0.1 \longleftarrow 0.1L \ 多い$$

↑ $\frac{4}{5}L$

0.7Lより $\frac{4}{5}$ L のほうが 量が多いということだね

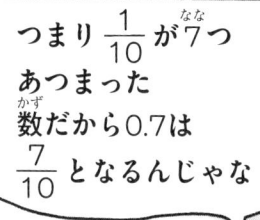

逆に 0.7L を分数にすると

0.7は0.1が 7つあつまった数 だったね

つまり $\frac{1}{10}$ が7つ あつまった 数だから0.7は $\frac{7}{10}$ となるんじゃな

$$0.7 = \frac{7}{10}$$

 $\frac{4}{5}L$

 $\frac{7}{10}L$

これじゃ わかり にくいから 通分するんだ よね

$$\frac{4}{5} = \frac{4 \times 2}{5 \times 2} = \frac{8}{10}$$

$\frac{8}{10}$ と $\frac{7}{10}$ を くらべると やっぱり $\frac{8}{10}$ の ほうが大きいね

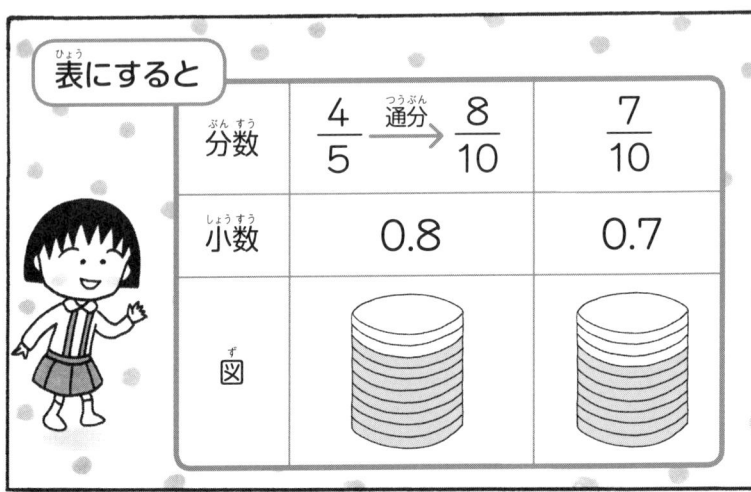

☆クイズの答えは 189 ページを見てね。

分数・小数

わくわくクイズ④

分数チームと小数チーム。
同じ大きさの数字どうしの点と点を、
つないでみよう。

分数チーム

$\frac{3}{6}$　$\frac{7}{10}$　$\frac{6}{5}$　$1\frac{2}{8}$　$\frac{3}{2}$

1.25　1.5　0.5　1.2　0.7

小数チーム

☆クイズの答えは 189 ページを見てね。

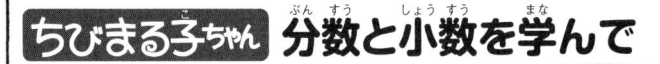

ちびまる子ちゃん 分数と小数を学んで

まる子もだいぶ
かしこくなったよ

うん
うん

さくらさん
分数と小数を
学んでズバリ!!
いかがでしたで
しょう!!

ズバリ!! そんな
お2人に
問題を100問
考えましょう!!

え

ちょっ…
丸尾くん!!

…行っちゃっ
たね…

100問っ
て…

それにしても
分数も小数も
おぼえたのはいいけれど
大人になって役立つ
のかねぇ

う〜ん

わくわくクイズ① （117ページ）　答え：花輪クン

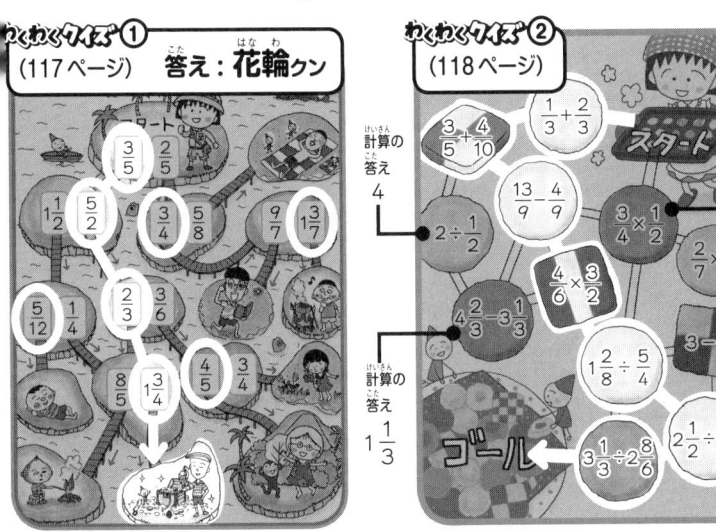

1つの島の大きいほうの分数を○でかこんであります。

わくわくクイズ② （118ページ）

計算の答え $\dfrac{3}{8}$

$\dfrac{1}{3} + \dfrac{2}{3}$

$\dfrac{3}{5} + \dfrac{4}{10}$

$\dfrac{13}{9} - \dfrac{4}{9}$

$3 \times 1\dfrac{1}{2}$

$2 \div \dfrac{1}{2}$

計算の答え 4

$\dfrac{4}{6} \times \dfrac{3}{2}$

$4\dfrac{2}{3} - 3\dfrac{1}{3}$

$\dfrac{2}{7} \times 7$

計算の答え 2

$3 - \dfrac{7}{4}$

$1\dfrac{2}{8} \div \dfrac{5}{4}$

計算の答え $1\dfrac{1}{3}$

$3\dfrac{1}{3} \div 2\dfrac{8}{6}$

$2\dfrac{1}{2} \div 1\dfrac{9}{6}$

計算の答え $1\dfrac{1}{4}$

わくわくクイズ③ （183ページ）　答え：1150メートル

$$74 + 100.2 + 124.5 + 180.3 + 160.5 + 165.7 + 182.44 + 162.36 = 1150$$

わくわくクイズ④ （184ページ）

分数チーム　小数チーム

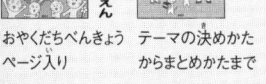

満点ゲットシリーズ
ちびまる子ちゃんの **分数・小数**

2018年7月10日　第1刷発行
2023年6月6日　第3刷発行

●キャラクター原作／さくらももこ

●著者／福嶋淳史

●ちびまる子ちゃんまんが・カット／相川 晴

●カバー・表紙・総扉イラスト／小泉晃子

●編集協力／ビークラフト

●カバー・表紙デザイン／曽根陽子

●本文デザイン／ I.C.E

●写植・製版／昭和ブライト写植部

発行人　　今井孝昭
発行所　　株式会社　集英社
〒 101-8050　東京都千代田区一ツ橋 2 丁目 5 番地 10 号
　　　　　電話　【編集部】03-3230-6024
　　　　　　　　【読者係】03-3230-6080
　　　　　　　　【販売部】03-3230-6393（書店専用）

印刷・製本所　　大日本印刷株式会社

ISBN 978-4-08-314068-6　C8341